Rheinisch-Westfälische Akademie der Wissenschaften

Geisteswissenschaften Vorträge · G 280

Herausgegeben von der
Rheinisch-Westfälischen Akademie der Wissenschaften

HERMANN HAMBLOCH

Der Mensch als Störfaktor im Geosystem

Westdeutscher Verlag

294. Sitzung am 19. Juni 1985 in Düsseldorf

CIP-Kurztitelaufnahme der Deutschen Bibliothek

Hambloch, Hermann:

Der Mensch als Störfaktor im Geosystem / Hermann Hambloch. – Opladen: Westdeutscher Verlag, 1986.

(Vorträge / Rheinisch-Westfälische Akademie der Wissenschaften: Geisteswissenschaften; G 280)

NE: Rheinisch-Westfälische Akademie der Wissenschaften (Düsseldorf): Vorträge / Geisteswissenschaften

Herstellung: Westdeutscher Verlag

ISSN 0172-2093
ISBN 978-3-531-07280-7 ISBN 978-3-322-88506-7 (eBook)
DOI 10.1007/978-3-322-88506-7

I

Jenes Lebewesen auf dem Planeten Erde, das schon vor mehr als einer Million Jahren zur Gattung Homo gerechnet werden muß, das bereits im oberen Pleistozän als die Art *Homo sapiens* weit verbreitet war und am Ende der letzten Kaltzeit sowohl nach Habitus wie nach Intellekt kaum vom Menschen der Gegenwart zu unterscheiden gewesen sein dürfte[1], nimmt in der Biosphäre eine Sonderstellung ein, die natur- und geisteswissenschaftliche Disziplinen immer wieder beschäftigt hat. Zu Recht, denn kaum ein Vertreter des Unterstammes der Wirbeltiere und schon gar kein Geschöpf aus der Ordnung der Primaten hat es vermocht, seinen Lebensraum auf alle Landschaftsgürtel der Erde auszudehnen[2]. Allein dem Menschen ist es vorbehalten geblieben, der biologischen Evolution eine kulturell-intellektuelle Entwicklung aufzupfropfen. Diese hat über eine lange Generationenkette hinweg zunächst allmählich, dann immer rascher beschleunigend, zum räumlichen Nebeneinander der gegenwärtigen Kulturerdteile geführt[3]. Wahrscheinlich ist sogar die Behauptung berechtigt, daß die kulturell-intellektuelle Evolution die biologische Evolution beendet habe: der Mensch bestimmt heute, wer in der Natur überlebt[4]. Mit dem geistigen Aufstieg der Menschheit ist jedoch ein Antagonismus in die Welt gekommen, der von vielen nachdenklichen Beobachtern als ebenso unerträglich wie unverständlich empfunden wird. Worin besteht er?

Werkzeuggebrauch und Sprache kennzeichnen die Schwelle zur Menschwerdung. Aus einfachen Stein- und Holzgeräten sind die bewundernswertesten technischen Apparaturen geworden. Der Mensch, der sich „entlasten, d. h. die Mängelbedingungen seiner Existenz eigentätig in Chancen seiner Lebensfristung umarbeiten" mußte[5], erfand immer neue Hilfsmittel für die Bewegung, die Sinne,

[1] Übersicht mit Bibliographie zur räumlichen Verteilung und zeitlichen Stellung der wichtigsten Funde von Euhomininen bei W. Henke u. H. Rothe, *Der Ursprung des Menschen. Unser gegenwärtiger Wissensstand.* Stuttgart [5]1980.

[2] Beispiel für eine kosmopolitische Wirbeltierart ist der Wanderfalke, *falco peregrinus.* Vgl. J. Schmithüsen (Hg.), *Atlas zur Biogeographie* (Meyers Großer Physischer Weltatlas, 3). Mannheim/Wien/Zürich 1976, 69.

[3] Zum Begriff des Kulturerdteiles vgl. A. Kolb, Die Kulturerdteile im weltwirtschaftlichen Geschehen (*Geogr. Z., 67.* 1969, 1–19).

[4] In diesem Sinne äußert sich C. Bresch, *Zwischenstufe Leben. Evolution ohne Ziel?* München/Zürich 1977, 228ff.

[5] A. Gehlen, *Der Mensch. Seine Natur und seine Stellung in der Welt.* Wiesbaden [11]1976, 36.

die Energieerzeugung und das Denken: Raketen, Elektronenmikroskope, Kernreaktoren und Computer sind die entsprechenden Beispiele. Und von den ersten sprachlichen Lauten, die der Verständigung und der Gruppenbindung dienten, führte der Weg zu Kommunikationssystemen, die bis in den Weltraum reichen und an einem Ereignis wie der Olympiade mehr als die Hälfte der Menschheit, also Milliarden Zuschauer, teilnehmen lassen. Indessen, und eben dieser Antagonismus begründet gleichfalls die Sonderstellung des Menschen: seine drängendsten sozialökonomischen Probleme hat der geniale Erfinder noch nicht zu lösen vermocht.

Zu Beginn des 17. Jahrhunderts, als nur wenige ahnten, was an Innovationen durch menschliches Handeln in die Welt gebracht werden würde, stellte FRANCIS BACON es als höchste Aufgabe der Wissenschaft hin, durch Naturerkenntnis zur Naturbeherrschung zu gelangen und die menschliche Kultur möglichst lebenswert zu gestalten. Im Vorwort zu seiner Bruchstück gebliebenen „Instauratio magna" (das KANT der zweiten Auflage der „Kritik der reinen Vernunft" voranstellte), kündigte der englische Philosoph an, die Grundlagen der menschlichen Wohlfahrt und Würde schaffen zu wollen. Aus der Sicht des Geographen soll zu zeigen versucht werden, warum wir von diesem Ziel immer noch so weit entfernt sind, warum es Utopie blieb, freilich in einem anderen Sinne, als es dem Verfasser der „Nova Atlantis" vorschwebte.

II

Darauf angesprochen, ob Mathematik eine Natur- oder eine Geisteswissenschaft sei, hat CARL FRIEDRICH V. WEIZSÄCKER einmal lakonisch geantwortet, daß diese Frage von einer unvollständigen Einteilung der Wissenschaften ausgehe. Mathematik sei keines von beiden, vielmehr sei sie eine Strukturwissenschaft[6]. Mathematik klärt Strukturen auf, ohne daß es wichtig ist zu wissen, ob reale Objekte mit solchen Strukturen überhaupt existieren. –

Dem Geographen, der aus einer naturwissenschaftlichen Fakultät kommt und in der geisteswissenschaftlichen Klasse einer Akademie aus seinem Fachgebiet vortragen darf, wäre es natürlich willkommen, wenn er sich, was die Einordnung seiner Disziplin angeht, in ähnlicher Weise aus der Affäre ziehen könnte. Tatsächlich gibt es mit dem jüngsten Ausbau der Theoretischen Geographie Tendenzen, sich verstärkt mathematischen Modellen zuzuwenden[7]. Man versucht, abstrakte

[6] C. F. v. WEIZSÄCKER, *Die Einheit der Natur.* München 1971, 22.

[7] Ein bereits klassisches Beispiel ist das Werk von P. HAGGETT, A.D. CLIFF u. A. FREY, *Locational analysis in human geography, Vol. 1: Locational models.* London 1977. Zum Ansatz der Theoretischen Geographie vgl. E. WIRTH, *Theoretische Geographie. Grundzüge einer Theoretischen Kulturgeographie.* Stuttgart 1979.

Muster räumlicher Verteilungen und räumlicher Prozesse als Interpretationshilfen für die Wirklichkeit heranzuziehen. Aber das ist doch nur ein schmaler Bereich, und es geht sicher nicht an, die Geographie mit ihren realen Gegenständen insgesamt als Strukturwissenschaft einzuordnen. Wohl aber kann man die Entscheidung, ob Geographie denn nun zu den Natur- oder zu den Geisteswissenschaften zählt, für zweitrangig halten gegenüber der Feststellung, daß sie vor allem eine *Systemwissenschaft* ist. Das führt zum Kernpunkt des Themas.

Die Entwicklung der Geographie zur Geosystemlehre begann spätestens mit der Erforschung der in einer Region wirksamen, funktionalen Verflechtung zwischen den Komponenten Gestein, Boden, Wasser, Vegetation, Tierwelt und Lufthülle sowie deren Abhängigkeit von Relief und Klima. Die Anfänge der wissenschaftlichen Luftbildinterpretation förderten diese synoptische Betrachtungsweise von Systemgliedern, und so wird gern ein richtungsweisender Aufsatz von Carl Troll zu diesem Thema als Ursprung der Systemkonzeption genannt[8], obwohl die Wurzeln tiefer liegen[9]. Elemente eines Geosystems sind aber nicht nur die gerade erwähnten Komponenten aus den anorganischen, organischen und biotischen Seinsbereichen der Natur, die Abb. 1 auf der linken Seite zeigt. Vielmehr sind diese Elemente, ganz gleich, ob sie nun als Austauscher, Speicher oder Regler in den Prozessen auftreten, grundsätzlich beeinflußt von den Komponenten der Anthroposphäre auf der rechten Seite des Bildes. Dazu zählen für einen Erdausschnitt die Bevölkerung mit ihren biologischen, ökonomischen und sozialen Kennzeichen; das Siedlungsbild, das der Mensch seinem Lebensraum aufprägt; die Muster, die unter dem Einfluß der Wirtschaft entstehen, und schließlich die vielfältigen Verkehrsnetze, die zum Zwecke der Raumüberwindung geschaffen wurden. Was den wirtschaftenden Menschen als Gestalter der Erdoberfläche angeht, so ist insbesondere zwischen den drei großen Sektoren des Wirtschaftslebens zu unterscheiden. Der primäre Sektor umfaßt den Landbau, vom exportorientierten Farmbetrieb bis zum weltmarktabgewandten Subsistenzbauern. Auf dem sekundären Sektor werden die industriellen Raumstrukturen geschaffen und der tertiäre Sektor manifestiert sich am deutlichsten mit der Standortballung von Dienstleistungen im Kern der Städte.

In einem kybernetischen System dieser Art und in einer konkreten Region steht jedes Element mit jedem anderen in einem Wirkungszusammenhang. Ein einfaches Beispiel kann das verdeutlichen: die vom Klima, also vom mittleren Zustand der Lufthülle abhängige Verwitterung wandelt ein Ausgangsgestein in seinen oberen Schichten in das Bodensubstrat um; Tierwelt und Wasser wirken dabei mit,

[8] C. Troll, Luftbildplan und ökologische Bodenforschung (Z. *Ges. für Erdkunde Berlin 7/8.* 1939, 241–298).

[9] H. Hambloch, *Kulturgeographische Elemente im Ökosystem Mensch-Erde. Eine Einführung unter anthropologischen Aspekten.* Darmstadt 1983, 2ff.

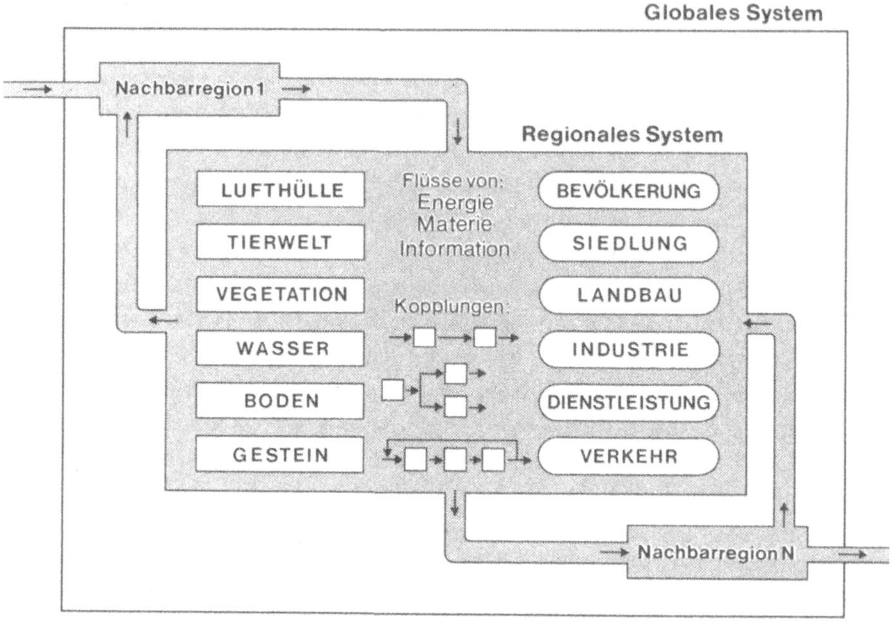

Abbildung 1: Modell des Geosystems

und die Vegetation setzt den Prozeß im Kreislauf mit Humusbildung und Nährstoffverbrauch fort. Der Mensch kann die natürliche Vegetation durch die Monokultur einer Wirtschaftspflanze und durch Weideflächen ersetzen, er wählt seine Produkte nicht nur nach der natürlichen Standortgunst, sondern auch unter Abschätzung der Markt- und Transportlage aus. Er verändert die Produktivität des Bodens durch Bewässerung und Kunstdünger, zugleich schafft er in der Region neue Standorte für die Verarbeitungsindustrie und für den Großhandel. Ist dabei der Einfluß von Relief, Wind, Wasser und von Schäden durch Überweidung auf die von der natürlichen Vegetation entblößte Erdoberfläche unterschätzt und über der Nutzung des Bodens seine Konservierung vernachlässigt worden, so kann es zu einer tiefgreifenden Veränderung des landschaftlichen Gefüges kommen. Der Mensch ist zum Störfaktor in dem Geosystem dieser Region geworden.

Viele solche Beispiele sind in ihren Grundzügen bekannt, seit die Aufmerksamkeit für ökologische Zusammenhänge geschärft worden ist. Aber eine Aufzählung oder gar eine Systematik solcher Ablaufketten ist nicht unser Thema. Es geht vielmehr um grundsätzliche Probleme, von denen drei zunächst an Hand der Abb. 1 angesprochen werden können.

Erstens: die zwischen den Systemelementen bestehenden Übertragungs-, Austausch- und Wechselbeziehungen, die den Prinzipien von Ursache und Wirkung,

Reiz und Reaktion sowie Signal und Antwort folgen, lassen sich zusammenfassen als Flüsse von Energie, Materie und Information. In der Systemlehre unterscheidet man für die Art der dabei auftretenden Bindungen der Elemente untereinander zwischen Reihen-, Parallel- und Rückkopplung. Versucht man zeichnerisch, Energie, Materie und Information mit unterschiedlichen Signaturen darzustellen, zugleich auch noch sämtliche Flüsse und Kopplungsarten zu verdeutlichen, dann entsteht schon bei einfachen Systemen ein derartiges Liniengewirr, daß das Bild sich als Anschauungsmaterial kaum noch eignet[10]. In Abb. 1 ist deshalb nur angedeutet, daß ein beliebig dichtes Netz von Übertragungen zwischen allen Elementen möglich ist. Die Geosystemforschung greift meist Teilprobleme heraus und versucht, für Subsysteme Flüsse und Kopplungen quantitativ zu bestimmen. Im physiogeographischen Bereich ist diese Aufgabe gelöst, wenn man das Naturgeschehen in mathematische Formeln abbilden kann. Je besser das gelingt, um so günstiger sind die Aussichten für zutreffende Prognosen über Veränderungen in einer Region. Aber – das ist ein bekanntes Beispiel – jedermann weiß, mit welcher Fehlerquote trotz moderner Großrechenanlagen die kurzfristige Wettervorhersage behaftet ist. Der Geowissenschaftler wird an die Unschärferelation der Quantenmechanik erinnert, die WERNER HEISENBERG einmal so beschrieben hat: „An der scharfen Formulierung des Kausalgesetzes: wenn wir die Gegenwart kennen, können wir die Zukunft berechnen, ist nicht der Nachsatz, sondern die Voraussetzung falsch. Wir können die Gegenwart prinzipiell nicht in allen Bestimmungsstücken genau kennen lernen"[11]. Vor dieser Situation steht der Systemanalytiker ständig.

Zweitens: erschwert die Komplexität des Geosystems die Prognose schon auf dem physiogeographischen Sektor, so verstärkt sich das Problem durch einen Sachverhalt, den man kurz so umschreiben kann: das System liegt nicht in einer Ebene des Seins und der Erkenntnis. Unter Einschluß des Menschen umfaßt es das Anorganische, das Organische, das Seelische und das Geistige als die vier großen Schichten des realen Seins, wie sie NICOLAI HARTMANN gesehen hat[12]. Anders ausge-

10 Beispiele für komplexe Systemdarstellungen bei H. RICHTER, Naturräumliche Strukturmodelle (*Petermanns Geogr. Mitt., 112.* 1968, 9–14); K. F. SCHREIBER, Entstehung von Ökosystemen und ihre Beeinflussung durch menschliche Eingriffe, in: DER MINISTER FÜR UMWELT, RAUMORDNUNG UND BAUWESEN (Hg.), *Eine Welt – darin zu leben.* Saarbrücken 1980, 34–51; H. KLUG u. R. LANG, *Einführung in die Geosystemlehre.* Darmstadt 1983.

11 W. HEISENBERG, Über die Grundprinzipien der „Quantenmechanik" (*Forschungen u. Fortschritte, 3.* 1927, 83).

12 N. HARTMANN, *Der Aufbau der realen Welt. Grundriß der allgemeinen Kategorienlehre.* Berlin [3]1964. Die Vierteilung bei HARTMANN ist dem Geowissenschaftler deshalb so vertraut, weil sie mit dem Ablauf der Erdgeschichte und der Evolution übereinstimmt. K. LORENZ, *Die Rückseite des Spiegels. Versuch einer Naturgeschichte menschlichen Erkennens.* München/Zürich 1973, hat das so beschrieben: „Anorganisches war auf Erden sehr lange vor dem Organischen vorhanden, und im Verlauf der Stammesgeschichte tauchten erst spät Zentralnervensysteme auf, denen man ein subjektives Erleben, eine ‚Seele' zuschreiben möchte. Das Geistige schließlich ist erst in der allerjüngsten Phase der Schöpfung auf den Plan getreten" (60).

drückt: die realen physischen Gegenstände und Zustände der anorganischen und organischen Natur, aber auch die konkreten, vom Menschen geschaffenen Werke bilden die Welt Nr. 1 im Sinne von KARL R. POPPER[13]. Unsere subjektiven Erlebnisse, unser Wahrnehmen, Denken und Fühlen, kurz unsere Bewußtseinszustände, gehören zur Welt Nr. 2. Das Wissen im objektiven Sinn, unser kulturelles Erbe, die gespeicherte Information der Schöpfungen des menschlichen Geistes umfassen Welt Nr. 3. Für die Geosystemlehre hat das zwei Konsequenzen. Einmal ist dadurch die Qualität der Information betroffen. Auch in der Natur fließt Information. Die DNS-Moleküle geben genetische Information weiter; Tiere können einander informieren, indem sie sich etwas zeigen, aber nur im augenblicklichen, individuellen Kontakt. Der Mensch indessen verfügt über Sprache, Schrift und elektronische Informationsspeicher. Er allein kann über Raum und Zeit hinweg Informationen aus der Welt 3 zur Verfügung stellen. Aber diese Informationen wirken dann in der Welt 2 nicht einheitlich. Auf Grund verschiedener Bewußtseinszustände diskutiert ein Kreis europäischer Volkswirte eine ökonomische Entwicklungstheorie anders als eine Gruppe afrikanischer Politiker das tut. – Die andere Konsequenz, die aus der Mehrschichtigkeit des Geosystems folgt, ist erkenntnistheoretischer Natur. Viele Prozeßabläufe können als erklärt gelten, wenn im physikalischen, chemischen und biologischen Bereich im naturwissenschaftlichen Sinne die Kausalität, der Zusammenhang von Ursache und Wirkung, erkannt worden ist. Aber in den Teilen des Systems, wo der Mensch nicht nur das erkennende Subjekt, sondern zugleich das in seinem Handeln zu erkennende Objekt ist, können wir im Sinne der Geisteswissenschaften die Ordnungen des Lebens und die Deutungen der Welt nur beurteilend zu verstehen suchen[14]. Wir besitzen allenfalls im Nachhinein eine phänomenologisch-hermeneutische Theorie, aber selten eine sichere Prognose.

Drittens: von ganz anderer Art ist das letzte Problem, das sich für die Geosystemlehre stellt. Ich meine die Rivalität zwischen einer vom Detail bestimmten Sicht einerseits, die von forschungspraktischen Bedürfnissen oder von gesellschaftspolitischen Interessen geleitet wird, und der Notwendigkeit einer ganzheitlichen Sicht

[13] Vgl. dazu K. R. POPPER u. J. C. ECCLES, *Das Ich und sein Gehirn.* München/Zürich ²1982, 38 u. 61 ff.

[14] ROTHACKER rechnet zu den Geisteswissenschaften alle die Disziplinen, die „die Ordnungen des Lebens in Staat, Gesellschaft, Recht, Sitte, Erziehung, Wirtschaft, Technik und die Deutungen der Welt in Sprache, Mythus, Kunst, Religion, Philosophie und Wissenschaft zum Gegenstand haben." Vgl. E. ROTHACKER, Logik und Systematik der Geisteswissenschaften, in: A. BAEUMLER u. M. SCHRÖTER (Hg.), *Handbuch der Philosophie, Abt. II, C.* München/Berlin 1927, 1–171, 1. – Ähnlich O. SCHWEMMER, *Theorie der rationalen Erklärung. Zu den methodischen Grundlagen der Kulturwissenschaften.* München 1976. Dort heißt es, daß es zu den faktischen Aufgaben der Kulturwissenschaften gehöre, soziale Sachverhalte „auf ihre Kulturbedeutsamkeit hin, d. h. auf ihre Relevanz für die Realisierung der in einer bestimmten Kultur herrschenden Wertideen hin, zu beurteilen und also zu verstehen" (19).

andererseits. Es gibt da eine Parallele zum Physiker, der auf immer schmaleren Forschungsfeldern nach den Grundbausteinen der Materie sucht. Daneben entwickelt sich aber in der Physik eine andere Richtung, die das Universum als dynamisches System untereinander verbundener Geschehnisse verstehen will. Keine der Eigenschaften irgendeines Systemelements ist fundamental, alle sind nur eine Folge der Eigenschaft anderer Teile[15]. Entsprechend gilt auch für das Geosystem, daß die Bedeutung eines Sachverhaltes für die Forschung relativiert wird durch den Grad seines Zusammenwirkens mit anderen Phänomenen. In Abb. 1 ist angedeutet, daß das globale System ein offenes System ist, d. h. es empfängt von außen und gibt nach außen ab. Diese Aussage bezieht sich auf die kurz- und langwellige Ein- und Ausstrahlung von Energie. Bezüglich aller anderen Elemente ist das System geschlossen. Keineswegs geschlossen sind indessen die Subsysteme. Keine Region ist von ihrer näheren oder weiteren Nachbarregion isoliert[16]. Der Einfluß des Menschen reicht bis in unbesiedelte Räume. Die Zunahme an Schadstoffen im grönländischen und antarktischen Inlandeis, dessen Altersschichten sich gut bestimmen lassen, beweist das nachdrücklich[17]. Wir können auch nicht mehr, wie GOETHES Bürger beim Osterspaziergang, unsere Friedenszeiten segnen, „wenn hinten, weit in der Türkei, die Völker aufeinander schlagen". Denn der Verbindungspfeil zwischen zwei Regionen, bezogen auf das Element ‚Bevölkerung', kann auch einen Asylantenstrom symbolisieren. Ständig erliegen wir der Gefahr, nur Teile zu sehen, während das System längst als Ganzes reagiert.

III

Es war die Mehrschichtigkeit des Geosystems, die zu einer fachinternen Diskussion darüber geführt hat, ob nicht die Geographie in zwei Disziplinen, eine natur-

15 W. HEISENBERG, Philosophische Probleme in der Theorie der Elementarteilchen, in: W. BLUM, H. P. DÜRR u. H. RECHENBERG (Hg.), *Werner Heisenberg, Gesammelte Werke, Abt. C, Bd. II.* München/Zürich 1984, 410–422. – Sehr nachdrücklich wurde der Gedanke vertreten von dem Heisenberg-Schüler F. CAPRA, *Wendezeit. Bausteine für ein neues Weltbild.* Bern 5 1983.

16 Den Weltmodellen, wie sie bei D. MEADOWS et al., *Die Grenzen des Wachstums.* Stuttgart 1972, durchgerechnet werden, ist die globale Sicht als zu einseitig zum Vorwurf gemacht worden. Der 2. Bericht an den Club of Rome: M. MESAROVIC u. E. PESTEL, *Menschheit am Wendepunkt.* Stuttgart 1974, ging deshalb von einer Regionalisierung des Weltsystems aus (10 Regionen). Das Fazit lautete: „Anstelle eines allgemeinen Weltkollapses werden sich in den verschiedenen Regionen zu verschiedenen Zeiten, teils lange vor der Mitte des nächsten Jahrhunderts, Zusammenbrüche unterschiedlicher Natur und aus unterschiedlichen Gründen einstellen. Allerdings werden diese regionalen Zusammenbrüche in der ganzen Welt aufgrund der alle Regionen verbindenden systematischen Zusammenhänge fühlbare Folgen haben" (56).

17 E. W. WOLF u. A. D. PEEL, The record of global pollution in polar snow and ice (*Nature, 313.* 1985, 535–540).

wissenschaftliche und eine sozialwissenschaftliche, geteilt werden müßte[18]. Vor allem ging der Streit darum, ob denn zwei grundverschiedene Methoden, der kritische Rationalismus zur kausalen Erklärung natürlicher Prozesse einerseits, Hermeneutik und Phänomenologie zum Verständnis kultureller Erscheinungen andererseits, unter dem Dach einer Disziplin wohnen könnten[19]. Beide Fragen halte ich für zweitrangig, wenn nicht sogar für falsch gestellt. Wichtig sind die Probleme, nicht aber die inhaltlichen und methodologischen Abgrenzungsversuche eines Faches[20]. Wenn der Geograph sich mit der räumlichen Struktur und den raumwirksamen Prozessen im globalen Ökosystem und seinen regionalen Subsystemen beschäftigt, kann er den Menschen nicht ausklammern. Nicht die Mehrschichtigkeit des Systems ist das Problem, sondern die offene Frage nach dem Menschen. Der Theologe kann sagen – und KARL RAHNER hat es getan –, daß der Mensch die Selbsttranszendenz der lebendigen Materie ist. Dann bilden Natur- und Menschheitsgeschichte eine innere, gestufte Einheit, bei der sich die Natur auf den Menschen hin entwickelt[21]. Die extreme Gegenposition ist die von JACQUES MONOD, der den Menschen als Zigeuner am Rande des Alls, als Zufallsprodukt der Evolution sieht[22]. Damit erhebt sich die Frage nach der Freiheit und der Verantwortlichkeit menschlichen Handelns, um die der Systemanalytiker letztlich nicht herumkommt. Die Antwort, die er mit dem Aufbau einer Handlungstheorie zur Erklärung menschlicher Aktivitäten im Geosystem zu geben versucht, wird immer davon abhängen, ob er auf dem einen oder anderen Standpunkt steht – oder auf einer Position zwischen den beiden, und da gibt es viele Varianten.

IV

Die Frage nach dem Menschen ist aber gleichsam auf bescheidenerem Niveau deswegen so drängend geworden, weil im Geosystem demographische, sozial-

[18] Am Anfang dieser Diskussion steht das Werk von D. BARTELS, *Zur wissenschaftstheoretischen Grundlegung einer Geographie des Menschen.* Wiesbaden 1968. Dort wurde die Teilung gefordert. Die Mehrzahl der Geographen neigt heute gerade unter dem Eindruck der Geosystemlehre zur Forderung nach der Einheit des Faches.

[19] R. HANTSCHEL u. E. THARUN, Zum Stellenwert von Theorie und quantifizierenden Techniken im Forschungsprozeß der Geographie (*Erdkunde, 32.* 1978, 241–251) halten einen Ausgleich für möglich.

[20] So die neunte These von K. R. POPPER, Die Logik der Sozialwissenschaften, in: TH. W. ADORNO et al., *Der Positivismusstreit in der deutschen Soziologie.* (Sammlung Luchterhand, 72). Darmstadt/Neuwied 1972, 103–123, 108.

[21] K. RAHNER, *Grundkurs des Glaubens. Eine Einführung in den Begriff des Christentums.* Freiburg/Basel/Wien [12]1982. Dort heißt es in Fortsetzung dieses Gedankens: „Aber die Vorstellung, daß der Mensch ein zufälliges, gar nicht eigentlich beabsichtigtes Produkt der Naturgeschichte sei, eine Laune der Natur, widerspricht nicht nur der Metaphysik und dem Christentum, sondern im Grunde der Naturwissenschaft selbst“ (189).

[22] J. MONOD, *Le hasard et la nécessité.* Paris 1970.

ökonomische und kulturelle Veränderungen mit zunehmender Geschwindigkeit ablaufen. Nimmt man die Tatsache hinzu, daß kaum eine Woche vergeht, in der uns nicht die Nachricht über eine Vergiftung der Umwelt erreicht, dann liegt die Frage nahe, ob wir in einer „Achsenzeit" leben, freilich in einem anderen Sinne als es Karl Jaspers meinte[23]. Nicht in einer Zeit, in der sich der Mensch kritisch-kontemplativ seiner Existenz in besonderer Intensität des Denkens bewußt wurde, sondern in einer Epoche, in der das Gefühl der Bedrohung dieser Existenz wächst, weil die Zeit für einen Kurswechsel knapp wird. Bei aller für den Wissenschaftler gebotenen Vorsicht, sich keiner Täuschung hinzugeben, bin ich doch geneigt zu glauben, daß die Antwort lauten muß: ja, wir leben in einer solchen „Wendezeit". Und zwar deshalb, weil es exponentielles Wachstum und exponentielle Beschleunigung in einem System nur zeitlich begrenzt geben kann. Die Grenze ist aber erreicht, und nun muß auf die eine oder andere Art die Abkehr von Wachstumstrends erfolgen. Bevor diese These erhärtet wird, erscheint es notwendig, unsere Gegenwart skizzenhaft als den vorläufigen Endpunkt zu sehen, auf den hin der Weg der Kulturentwicklung gerichtet gewesen ist.

Die Abfolge recht genau bestimmbarer sozialökonomischer Entfaltungsstufen ist gemeinsamer Interessenbereich anthropologischer, historischer, ökonomischer und geographischer Forschung[24]. Von den einfachen Jäger- und Sammlerkulturen über deren spezialisiertere Formen zu den Anfängen der Seßhaftigkeit bei den Pflanzern, von dort weiter über die sippenbäuerlichen, voll seßhaften Agrargesellschaften, in denen sich allmählich herrschaftliche Organisationen entfalten konnten und die in der alten Welt den Seitenzweig des Hirtennomadismus hervorbrachten, bis zu den Stadtkulturen älterer und neuerer staatlicher Prägung führt dieser Weg, von dem Arnold Gehlen einmal gesagt hat, es gebe dabei „wahrscheinlich doch nur zwei kulturgeschichtlich wirklich entscheidende Zäsuren: den prähistorischen Übergang von der Jägerkultur zur Seßhaftigkeit und den modernen zum Industrialismus"[25].

Die Auffächerung der sozialökonomischen Stufen ist gekennzeichnet durch extreme zeitliche Asymmetrie und durch an die Zäsuren gebundene gesellschaftliche Wandlungen, die für unser Thema von Bedeutung sind. Die zeitliche Asymmetrie beleuchtet ein kleines Gedankenexperiment. Vergleicht man die gesamte Dauer der Entfaltung menschlicher Kultur mit einem Zwölfstunden-Tag von Sonnenaufgang bis Sonnenuntergang, dann entspricht die Zeit der Jäger und Sammler fast der vollen Tageslänge. Nur die letzten acht Minuten sind seit der ersten Zäsur, nur sechs Sekunden seit der zweiten, dem Beginn des Industriezeitalters, verflossen.

23 K. Jaspers, *Vom Ursprung und Ziel der Geschichte.* München 1949.

24 Für die geographische Seite sei genannt H. Bobek, Das Hauptproblem der Gesellschafts- und Wirtschaftsentfaltung in geographischer Sicht (*Die Erde, 90.* 1959, 259–298).

25 Vgl. A. Gehlen, *Die Seele im technischen Zeitalter.* Hamburg 1957, 71.

Nun zu den sozialen Wandlungen. Gesellschaftsordnung ist ein Produkt des Menschen, ihre Notwendigkeit ist in seiner biologischen Verfassung angelegt[26]. Am Beginn sozialer Institutionen stehen die Kleingruppen der Familie und der Sippe. Techniken der Werkzeugherstellung und des Werkzeuggebrauchs, die für die Anfänge „menschlicher Gesellung" eine so große Rolle gespielt haben[27], sind auf früher Stufe jedem Erwachsenen bekannt. Aufgaben der Lebensführung sind allen gemeinsam. Mit der *ersten Zäsur*, dem Übergang zur Seßhaftigkeit im Neolithikum, beginnt die Entfernung von der überschaubaren Kleingruppe als Lebensform, mit der Arbeitsteilung nimmt die Aufteilung des Wissens zu. Die höhere Produktivität des Feldbaus schafft die Grundlagen für die Ernährung einer wachsenden Bevölkerung. Eigentum jedoch will verteidigt sein, und „die bewaffnete Konkurrenz der Gruppen führte zur Bildung von organisierten Staaten; denn wer im Fall eines Konfliktes mehr Krieger organisieren konnte, war im Vorteil"[28]. Freilich gab es noch keine Staaten im heutigen Sinne. Oft zerfielen sie mit dem Tode des Herrschers wieder in Dorfgemeinschaften. Das gilt nicht nur für die Frühgeschichte. Beispiele gibt es in Afrika bis in die Neuzeit. So lebten die Zulu seit dem 17. Jahrhundert in ihren Wohngebieten als Großviehzüchter und Getreidehackbauern mit patriarchalischer Sippenorganisation, bis sie durch den Häuptling Caka, der Zeitgenosse Napoleons war, politisch und militärisch geeinigt wurden. Aber nach seinem Tode löste das Reich sich wieder auf.

Mit der *zweiten Zäsur*, mit dem Beginn der industriellen Revolution im England des späten 18. Jahrhunderts, setzt eine Umschichtung der Erwerbstätigkeit von bisher unbekanntem Ausmaß ein. Um 1800 waren in Mittel- und Westeuropa ca. 80% der arbeitenden Bevölkerung im primären Sektor beschäftigt, je 10% im sekundären und tertiären Wirtschaftsbereich. Heute arbeiten in einem hochentwickelten Land weniger als 5% der Erwerbstätigen in der Landwirtschaft, oft nicht einmal mehr 40% in der Industrie und über die Hälfte der Beschäftigten im Dienstleistungssektor. Automatisation bedeutet konkret, daß in der deutschen Unterhaltungselektronik seit 1978 etwa 40% der Arbeitsplätze abgebaut worden sind, zugleich aber die Produktivität pro Arbeitsstunde jährlich um 9% stieg. Der Begriff „Industriegesellschaft" trifft nicht mehr zu, wir leben in einer postindustriellen Gesellschaft, in der der einzelne immer weniger selbst verrichtet. Im Arbeitsleben ist das schöpferische Potential bei der großen Masse der Beschäftigten nicht mehr gefordert. Aber damit nicht genug. Zunehmende staatliche Organisation führt

[26] Dazu P. L. Berger u. T. Luckmann, *Die gesellschaftliche Konstruktion der Wirklichkeit. Eine Theorie der Wissenssoziologie.* Frankfurt 1980.

[27] Vgl. K. J. Narr, Grundlagen menschlicher Gesellung, in: *Aspekte der Hominisation* (Veröff. d. Inst. d. Görresgesellschaft für interdisziplinäre Forschung, 7). Freiburg/München 1978, 43–78.

[28] I. Eibl-Eibesfeldt, *Die Biologie des menschlichen Verhaltens. Grundriß der Humanethologie.* München/Zürich 1984, 775.

dazu, daß bürokratische Institutionen immer mehr Aufgaben übernehmen, die in der Frühzeit das Individuum oder die Kleingruppe zu erledigen hatten. Das bedeutet zwar Entlastung, aber zugleich auch Entmündigung. Die Übermacht der gesellschaftlichen Großorganisation ist dem Menschen wesensfremd. Er versucht, sich diesen „Superstrukturen“ anzupassen[29], aber es kann nicht ernsthaft bestritten werden, daß die Unübersichtlichkeit, Kompliziertheit und Künstlichkeit dieser zivilisatorischen Gängelung mit ihrem Verlust persönlicher Kontakte psychische Rückwirkungen hervorgebracht haben. Derartige Änderungen im Bewußtsein und im Verhalten des Menschen werden von naturwissenschaftlicher wie von sozialwissenschaftlicher Seite gleichermaßen als Gefahr gesehen[30]. Ich erwähne das nicht, um den Chor des Kulturpessimismus zu verstärken, sondern weil die Folgen für das Geosystem gravierend sind. Verloren gingen dabei nämlich – und dieser Gedanke wird wieder aufzugreifen sein – die Bedingungen für solidarisches Handeln. Verantwortungsbewußtsein für das Ganze kann nur noch begrenzt angesprochen werden, weil es im Schwinden begriffen ist. Die Massenkommunikation hat – welche Ironie! – zur Verarmung des menschlichen Miteinanders geführt. Wir sind über alles informiert, aber nur wenig erleben wir unmittelbar, unsere Welterfahrung stammt zunehmend aus zweiter Hand[31]. Mit einer für Evolutionsvorgänge außergewöhnlichen Beschleunigung ist diese Entwicklung von der individualisierten Gesellschaft zur Massengesellschaft erfolgt. Vieles spricht dafür, daß das Tempo der Endphase mit ihren technisch-gesellschaftlichen Umbrüchen die Anpassungsfähigkeit des Menschen überfordert hat.

V

Was Konrad Lorenz den „Abbau des Menschlichen“ genannt hat[32], ist begleitet von der Übervölkerung der Erde. Sie ist der Hauptgrund für viele Krisenerscheinungen. Betrachtet man sie quantitativ für das Systemganze, so wird erneut deutlich, daß unsere Gegenwart eine „Wendezeit“ ist, ja, daß sie eine solche sein muß.

In der Epoche der Sammler- und Jägerkulturen hat die Erde sich in langen Zeiträumen nur allmählich mit Bewohnern gefüllt. Wenn in der jüngeren Altsteinzeit, vor 20 000 Jahren, vielleicht eine Million Menschen in jener spätglazialen Uröku-

29 Vgl. A. Gehlen a. a. O. (= Anm. 25), 11 ff.

30 Besonders deutlich haben das gesehen K. Lorenz, *Der Abbau des Menschlichen*. München/Zürich 1983 und H. Schelsky, *Die Arbeit tun die anderen. Klassenkampf und Priesterherrschaft der Intellektuellen*. Opladen 1975, 119. Vgl. auch K. Lorenz a. a. O. (= Anm. 12), 31.

31 A. Gehlen, *Anthropologische Forschung. Zur Selbstbegegnung und Selbstentdeckung des Menschen*. Hamburg 1961, 134.

32 K. Lorenz a. a. O. (= Anm. 30).

mene gleichzeitig gelebt haben, dann war unter den damaligen Bedingungen für den Nahrungserwerb die Erde schon einmal randvoll besiedelt. Selbst unter guten Voraussetzungen für das Jagd- und Sammelglück betrug der Lebensraum, der pro Kopf zur Verfügung stehen mußte, nämlich mehrere Quadratkilometer. Als Analogiemodell diene die wandernde Gruppe einer heutigen Buschmannsippe, für die man ausrechnen kann, daß eine Mutter ihr Kind bei der Sammeltätigkeit Tausende von Kilometern auf dem Rücken trägt. Sie hat meist nur eines, das oft bis zum fünften Lebensjahr gestillt wird, was zur Empfängnisverhütung beiträgt. Die Gruppengröße stagniert, die Tragfähigkeit des Lebensraumes in der südafrikanischen Trockensavanne wird nicht überschritten[33]. Aber auch noch lange nach der ersten Zäsur, als der Feldbau höhere physiologische Bevölkerungsdichten ermöglicht hatte, bedurfte es zur jeweiligen Verdopplung der Erdbevölkerung immer noch mehrerer Jahrtausende. Für die Zeit um Christi Geburt schätzt man die Zahl der Menschen auf 160 Millionen; als im Abendland Otto der Große regierte, mögen es 320 Millionen gewesen sein. Nochmals verging also fast ein Jahrtausend während einer Verdopplung, und auch für die darauffolgende waren noch achthundert Jahre nötig. Aber dann macht die zweite Zäsur sich bemerkbar, um 1900 zählt die Menschheit schon 1,6 Milliarden. Hier setzt Abb. 2 ein und zeigt, wie der Verdopplungszeitraum immer kürzer wird und jetzt bei nur vierzig Jahren liegt.

Die globale Analyse der Bevölkerungsdynamik hat den Vorteil, daß man sich nicht – wie bei regionalen Betrachtungen notwendig – um Wanderungsströme zu kümmern braucht. Die globale Dynamik wird einzig gesteuert von der Geburten- und Sterberate. Erstere hat sich im Weltmittel für die acht Jahrzehnte unseres Jahrhunderts kaum verändert, anders formuliert: die Geburtenrückgänge in einigen Regionen der Erde sind durch den Anstieg der Geburtlichkeit in anderen Ländern kompensiert worden. Wohl aber ist die Sterblichkeit stetig gesunken. Das bedeutet: die Zuwachsrate als Differenz von Geburten- und Sterberate nimmt selbst von einer Doppeldekade zur nächsten ständig zu. Die Bedeutung dieser Tatsache wird meist verkannt. Wäre es bei der Zuwachsrate von 6‰ der ersten zwanzig Jahre dieses Jahrhunderts geblieben, dann lebten heute nur 2,7 Mrd. Menschen auf der Erde. Der Grund für das langsame Wachstum der Bevölkerung in früheren Jahrhunderten und Jahrtausenden ist eben, daß die Geburten- und Sterberaten auf hohem Niveau dicht beieinander lagen. Das Auseinanderklaffen der Schere ist ein Phänomen der jüngsten Vergangenheit. Mittlere Schätzungen für das Jahr 2000 sprechen von 6,1 Mrd. Menschen. Diese Schätzung trifft dann und nur dann zu, wenn die durchschnittliche jährliche Zuwachsrate von 1980 bis 2000 sich bei 17‰

[33] Eine farbige Schilderung des Lebens der Buschleute gibt I. Eibl-Eibesfeldt, *Menschenforschung auf neuen Wegen. Die naturwissenschaftliche Betrachtung kultureller Verhaltensweisen.* Wien/München/Zürich 1976, 18ff.

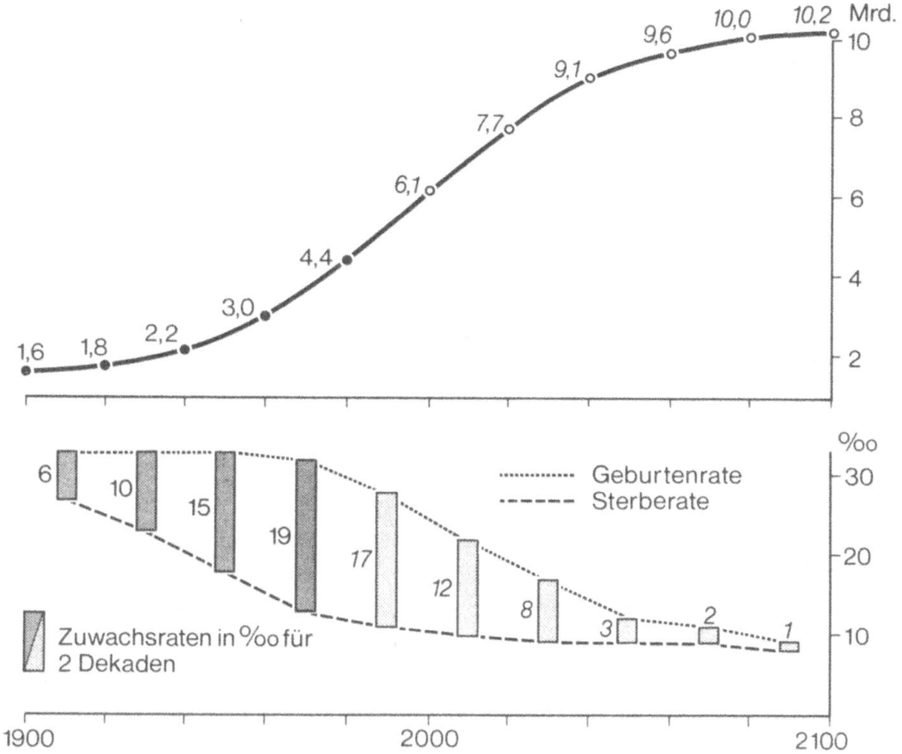

Abbildung 2: Bevölkerungsdynamik, Realität und Prognose

einregeln wird. Das kann mit den in der Abb. 2 prognostizierten Werten von 28‰ für die Geburtenrate und 11‰ für die Sterberate erreicht werden. Gelingt diese Senkung der Geburtenrate nicht, so wird der Prognosewert nur dann nicht überschritten, wenn die Sterberate steigt. Und sie steigt in einem Jahr um einen Promillepunkt, wenn 5 Millionen Menschen mehr als ohnehin erwartet verhungern.

Die Entwicklung von Geburtenraten zu prognostizieren, ist außerordentlich schwierig. Das generative Verhalten einer Bevölkerung wird im Makrobereich von gesellschaftlichen und politischen Determinanten auf der Ebene des Staates und im Mikrobereich von individuellen Entscheidungen der Partner gesteuert. Das eine hängt vom anderen ab. Leitvorstellungen über Ehe und Elternschaft, die in einer Gesellschaft gültig sind, beeinflussen den einzelnen. China hat gezeigt, daß staatliche Sanktionen die Geburtlichkeit senken können. Das Beispiel anderer Staaten lehrt, daß fehlende soziale Sicherung für Krankheit und Alter das Gegenteil bewirkt. In einem Industrieland hat die allgemeine Lage der Wirtschaft, des

Arbeits- und des Wohnungsmarktes andere Folgen für die Geburtlichkeit als in einem Agrarstaat. Und schließlich darf nicht vergessen werden, daß die globalen Mittelwerte der Abb. 2 viel stärker von Entwicklungsländern bestimmt werden als von entwickelten Ländern; denn, wenn man es einmal bei dieser groben Zweiteilung bewenden läßt: die Bevölkerung beider Gruppen verhält sich derzeit wie 3:1, und die Tendenz der weiteren Verschiebung deutet auf ein baldiges 4:1 hin.

Solche Überlegungen zeigen, wie unsicher jede Prognose über einen längeren Zeitraum sein muß. Das gilt natürlich erst recht für den Teil der Abb. 2, der über das Jahr 2000 hinausreicht. Sollte die Entwicklung auch nur annähernd in der gezeichneten Weise verlaufen, dann erleben wir wirklich eine „Wendezeit". Die Meinung, daß sich die Weltbevölkerung um das Jahr 2100 bei ca. 10 Mrd. einpendeln könnte, wird durchaus vertreten. Aber dann müßte ein radikaler Wandel in der Entwicklung der Zuwachsraten eintreten, wobei die Abbildung eine Variante mit sinkender Geburtenrate darstellt. Die Einregelung der Weltbevölkerung bei 10 Mrd. Menschen ist aber natürlich auch möglich, wenn die Geburtenraten weniger rapide sinken, die Sterberaten indessen steigen. Mathematisch betrachtet sind Zuwachsraten Differenzen. Aber wie diese Differenzen entstehen, entscheidet über das Ausmaß menschlichen Leides.

Die Kurve der Abb. 2 ist eine Wendekurve, eine sog. logistische Kurve. Bei Wachstumsvorgängen ist ein solcher Kurvenverlauf nur möglich, wenn die positive Rückkopplung in einem System gestoppt wird, wenn es einen Regelmechanismus gibt. Regelkreise mit Rückkopplungen sind aus der Technik und aus der Alltagswelt vertraut. Abb. 3 zeigt ihre allgemeine Funktionsweise. Der Thermostat unserer Heizung, eingestellt auf 20° als Führungsgröße, regelt uns diesen Sollwert immer wieder ein, wenn Abkühlung als Störgröße den Istwert darunter sinken läßt. Im physiogeographischen Teil des Geosystems gibt es unzählige solche Regelkreise. In der Natur sorgen sie dafür, daß die Individuenzahl einer Population nicht über die Tragfähigkeit ihres Lebensraumes hinauswächst*. Der Mensch kann solche Regelkreise bedingt und zeitweilig außer Kraft setzen. Das exponentielle

* Zu unterscheiden ist in Abb. 3 zwischen dem Teil des Regelkreises, in dem Materie und/oder Energie fließt und dem Teil, der vom Informationsfluß bestimmt wird. Eine kulturgeographische Interpretation wäre die folgende: Eine Gruppe von Linearbandkeramikern wandert in eine Lößbörde ein, das ist der *Eintrag*. *Stellglied* ist das generative Verhalten der Gruppe, *Stellgröße* ihre Kopfzahl. Unter der *Regelstrecke* müssen wir uns das Leben und Handeln dieser Gruppe in ihrem Lebensraum vorstellen. *Prüfglied* ist das Wahrnehmen und Beurteilen der Situation bei gegebenem *Istwert*, d.h. bei gegebener Bevölkerungsdichte. Der geprüfte Istwert wird zur *Regelgröße*, als *Regler* funktioniert die Intensivierung oder die Extensivierung des Landbaus, die Vergrößerung oder Verkleinerung des Lebensraumes; dabei ist die Tragfähigkeit die *Führungsgröße*. Es entsteht die Information: diese Gruppengröße ist optimal, das ist der *Sollwert*, und damit schließt sich zunächst der Kreis. Tritt eine *Störgröße*, etwa eine nachhaltige Klimaverschlechterung, auf, so ist Abwanderung *(Austrag)* eine Möglichkeit, das System stabil zu halten.

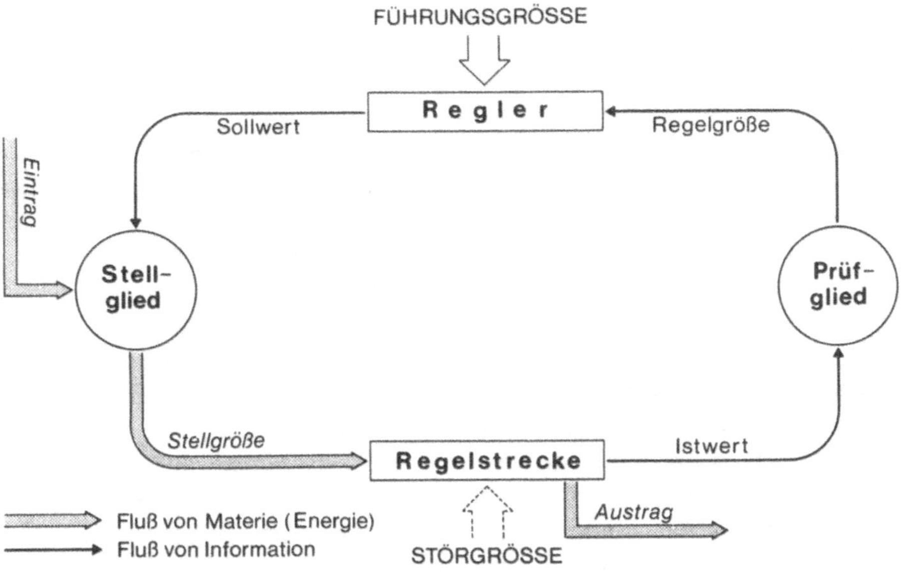

Abbildung 3: Schema eines Regelkreises

Wachstum der Bevölkerung ist ein Beispiel dafür. Es ist zugleich die Ursache für viele weitere Fälle der gefährlichen positiven Rückkopplung, also der ständigen Selbstverstärkung in anderen Regelkreisen des vom Menschen bestimmten Teiles des Geosystems. Unaufhörliches Wachstum indessen – das wurde schon betont – ist in keinem System möglich. Wenn die Einregelung durch vernünftiges Handeln versagt, dann wird sie durch katastrophale Reaktionen besorgt.

VI

Noch vor dem Ende dieses Jahrzehnts werden 5 Mrd. Menschen auf der Erde leben. Weil von der gegenwärtigen Erdbevölkerung zwei Drittel unzureichend mit Nahrungsmitteln versorgt sind, ein Fünftel qualitativ und quantitativ so unterernährt ist, daß schwere gesundheitliche Schäden auftreten und weil Millionen Jahr für Jahr verhungern, neigt man zu der Annahme, daß die Tragfähigkeit der Erde längst überschritten sein muß. Aber diese Annahme ist falsch. Jedenfalls dann, wenn *reale Tragfähigkeit* als die zu einem bestimmten Zeitpunkt vorhandene Produktionskapazität für Nahrung im gesamten globalen System definiert wird. Wenn man abschätzt, was an pflanzlichen und tierischen Erzeugnissen für die menschliche Ernährung wirklich zur Verfügung steht und diese Menge auf die Erdbevölkerung verteilt, so ergeben sich pro Kopf und Tag ca. 2600 Kilokalorien (= 10 884 Kilojoule)[34]. Das ist ein ernährungsphysiologisch ausreichender Wert, zumal sich nachweisen läßt, daß auch die Zusammensetzung nach Eiweiß, Kohlehydrat und Fett bei diesem theoretischen Quantum zufriedenstellend ist[35]. Der gegenwärtige Hunger in der Welt ist nicht eine Folge schon heute unzureichender Ressourcen, sondern er entsteht dadurch, daß Nahrung nicht immer dort produziert werden kann, wo sie gebraucht wird. Er entsteht ferner deshalb, weil das gegenwärtige Weltwirtschafts- und Welthandelssystem einen hinreichenden Austausch nicht zu ermöglichen vermag. Allein die Tatsache, daß nur die Hälfte des Welthandels nach den liberalen Regeln des Allgemeinen Zoll- und Handelsabkommens (GATT) abgewickelt wird, die andere Hälfte aber irgendwelchen Formen des Protektionismus unterliegt, beleuchtet die Situation.

Die derzeitige Lage dokumentiert Abb. 4. Einer Gruppe von Staaten, deren Bevölkerung im Durchschnitt pro Person und Tag Kalorien weit über dem globalen Mittel zur Verfügung stehen, sieht sich eine andere Gruppe gegenüber, wo dieser Wert z.T. beträchtlich unterschritten wird. Was es heißt, daß in Ländern, deren Bevölkerung nach Hunderten von Millionen zählt, der statistische Mittelwert unter 2000 Kilokalorien liegt, ist leicht zu ermessen. Nun sind in Abb. 4 Daten verarbeitet, die schon einige Jahre zurückliegen. Natürlich erhebt sich da angesichts der Bevölkerungsdynamik die Frage, ob die Verhältnisse inzwischen nicht schon wieder schlechter geworden sind. Das trifft z.B. für die Sahelzone trotz weltweiter Hilfe zu. 1973 wurde dort ein „Zwischenstaatlicher Ausschuß für den Kampf gegen die Dürre im Sahel" (CILSS) gegründet, dem heute Mauretanien, Senegal, Gambia, Mali, Burkina Faso (das frühere Obervolta), Niger und Tschad angehören. CILSS hat seit 1975 jährlich mehr als eine Milliarde Dollar an ausländischer Kapitalhilfe besorgt, davon fast zwei Drittel als verlorenen Zuschuß. Aber nur wenige Prozent dieser Summen sind Maßnahmen zur Förderung der Landwirtschaft, zur Aufforstung und zur Entwicklung ertragreicherer Getreidesorten zugeflossen. Für 1985 wird ein Getreidedefizit von 1,7 Millionen Tonnen geschätzt[36]. Indessen: was für die Sahelzone gilt, trifft nicht für das gesamte System zu. Im letzten Jahrzehnt ist es gelungen, im globalen Mittel bei der Steigerung der Nahrungsproduktion mit dem Wachstum der Bevölkerung Schritt zu halten. Das Kartenbild mit seiner Pro-

[34] FAO = Food and agriculture organization of the United Nations (Hg.), *Production Yearbook, Vol. 1–37.* Rom 1946–1983.

[35] Näher ausgeführt bei H. Hambloch, *Allgemeine Anthropogeographie.* Wiesbaden ⁵1982, 116ff.

[36] C. Kaps, *Die Sahel-Staaten zeigen kein Interesse an einer Entwicklungsstrategie.* Frankfurter Allgemeine Zeitung v. 18.3.1985, Nr. 65, 14.

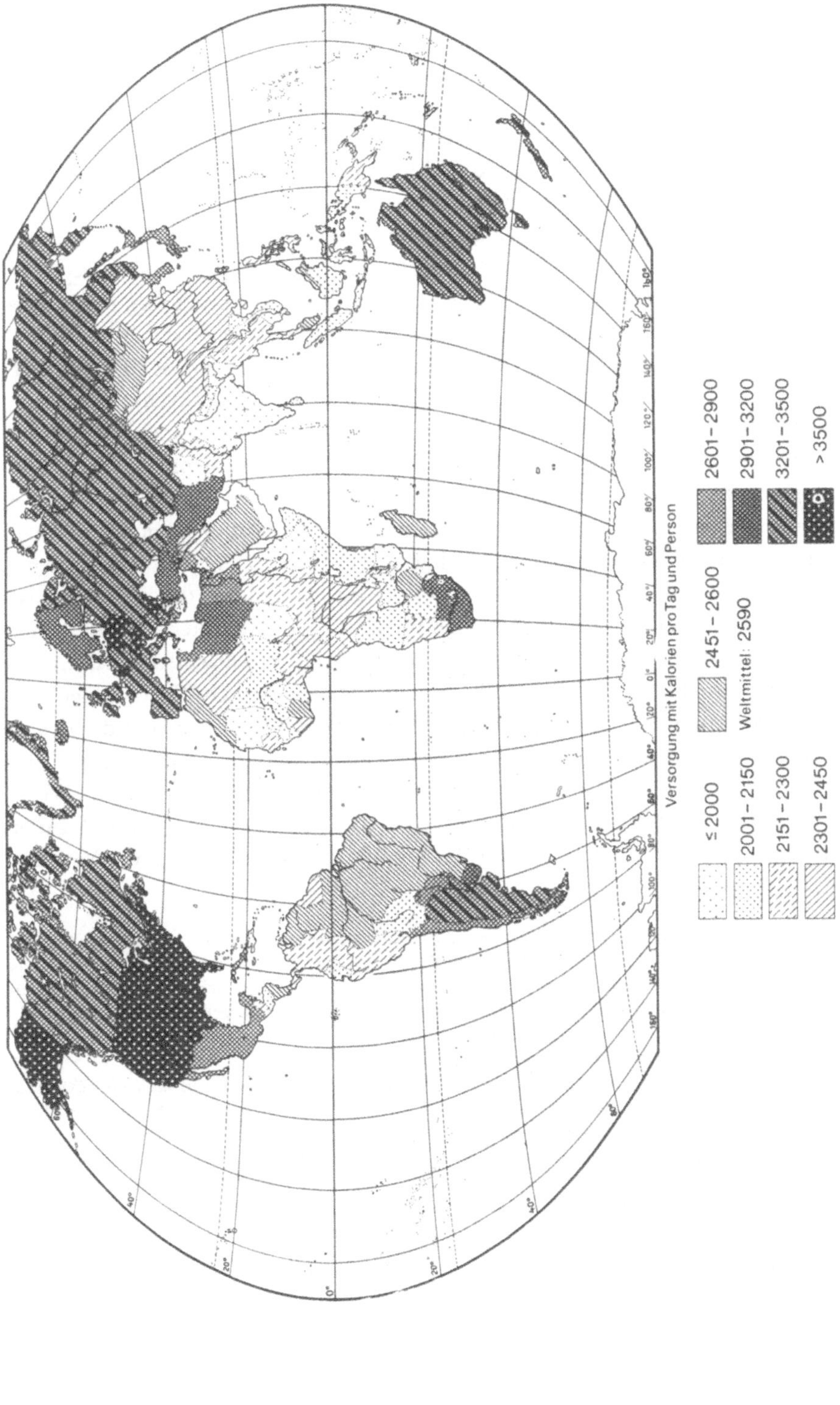

Abbildung 4: Ernährung der Weltbevölkerung (1975–1977)

Kopf-Aussage hat sich kaum geändert, und insofern hat THOMAS ROBERT MALTHUS nicht recht behalten[37].

Wenn man aber einmal die Produktions- und Verteilungsprobleme beiseite läßt, die als so bitter empfunden werden, weil sie durch die Unzulänglichkeit des menschlichen Handelns entstehen, wird eigentlich erst der Blick frei für die unter dem ganzheitlichen Aspekt des Geosystems sich aufdrängende Frage, wo denn dieses Bemühen um eine ausreichende Nahrungsversorgung der Menschheit seine ökologische Grenze findet; denn eine solche Grenze muß es ja geben. Diese Frage nach der Bonitierung der Erde, nach der Abschätzung ihrer *potentiellen Tragfähigkeit*, hat schon ALBRECHT PENCK als das Hauptproblem der physischen Anthropogeographie bezeichnet[38]. Die Antwort kann hier nur in Umrissen skizziert werden.

Prinzipiell ist eine Steigerung der Nahrungsmittelproduktion auf zwei Wegen möglich. Der naheliegendste scheint die Vergrößerung der Ackerfläche zu sein. Aber das für den Anbau genutzte Areal umfaßt heute schon etwas mehr als 10% der unvergletscherten Erdoberfläche. Große Reserven für die Ausdehnung von Ackerland gibt es nicht mehr, hier ist nur noch Spielraum für wenige Prozentpunkte. Die humiden Regionen mit ausreichender Wärme in der Vegetationsperiode, in denen die natürliche Pflanzendecke ohne ökologische Dauerschäden noch durch permanente Getreidekulturen ersetzt werden könnte, sind klein geworden. Vor allem hat man in dieser Beziehung die Kapazität der Böden in den feuchten Tropen früher weit überschätzt[39]. Der Ausdehnung des Ackerlandes in semiariden Gebieten mit Hilfe der Bewässerung sind durch ökologische und ökonomische Grenzen der Süßwassergewinnung Schranken gesetzt[40]. Aber in vielen Regionen sind die Ernteerträge pro Flächeneinheit des schon vorhandenen Ackerlandes noch zu steigern – diese Intensivierung ist der zweite Weg. Er kann in ökologisch schonender Weise beschritten werden durch die Einführung verbesserter Fruchtfolgen und durch den Anbau ertragreicherer Sorten. Ökologisch riskanter ist schon die Verwen-

[37] In seiner 1798 zunächst anonym erschienenen Abhandlung über das Bevölkerungsgesetz war eine der Grundannahmen von TH. R. MALTHUS, daß die Bevölkerung in geometrischer, die Nahrungsmittelproduktion aber nur in arithmetischer Progression zunehme. Das hat sich in dieser Form nicht bewahrheitet. MALTHUS' Anliegen, das Entstehen von Armut zu verhindern, ging mit seiner gesellschaftstheoretischen Kritik aber weit über diese Hypothese hinaus. MALTHUS' Lehre entfachte schon zu seinen Lebzeiten heftige Kontroversen.

[38] A. PENCK, Das Hauptproblem der physischen Anthropogeographie (*Sitzungsberichte der Preuß. Akad. d. Wiss., Physikalisch-mathematische Klasse, 24.* 1924, 249–257). Einen Überblick über die ältere Forschung gibt K. SCHARLAU, *Bevölkerungswachstum und Nahrungsspielraum. Geschichte, Methoden und Probleme der Tragfähigkeitsuntersuchungen* (Veröff. d. Akad. f. Raumforschung und Landesplanung, 24). Hannover 1953. Als jüngste Zusammenfassung wäre zu nennen W. MANSHARD, Bevölkerung, Ressourcen, Umwelt und Entwicklung (*Geogr. Rundschau, 36.* 1984, 538–543).

[39] Dazu W. WEISCHET, *Die ökologische Benachteiligung der Tropen.* Stuttgart ²1980.

[40] Das zeigt eindrucksvoll H. HAUSER, Süßwasser aus Salzwasser (*Umschau in Wiss. u. Technik, 77.* 1977, 267–273).

dung von chemischen Pflanzenschutzmitteln, um Ernteausfälle niedrig zu halten. Schließlich läßt sich der Einsatz von künstlichem Dünger erhöhen. Aber auch das ist ökologisch nicht unbedenklich und stößt an ökonomische Grenzen[41]. Endlich – das sei nur am Rande erwähnt – ist agrare Produktion auch eine Frage des Energieeinsatzes[42]. Schon vor fünfzig Jahren hat WILHELM HOLLSTEIN als Endergebnis einer kleinräumig differenzierten Bonitierung mit günstiger Prognose für die Tropen behauptet: die Erde kann 13,2 Mrd. Menschen ernähren[43]. In der Größenordnung von 10–12 Milliarden liegen gut fundierte Hypothesen für die potentielle Tragfähigkeit auch heute, wobei der oft überschätzte Beitrag der Weltmeere, d. h. der Fischfang, mitberücksichtigt ist. Weniger die Größenordnung der Ergebnisse als vielmehr die Methoden und Prämissen der Bonitierung haben sich seit HOLLSTEIN geändert. Bei solchen Aussagen darf aber nie außer Acht gelassen werden: gerechnet wird mit globalen, arithmetischen Mitteln. Und die Behauptung, ein Leben ohne Hunger sei für eine Weltbevölkerung von 10–12 Milliarden Menschen möglich, bedeutet, daß brisante Verteilungsprobleme zu lösen sind, daß es großer Anstrengungen auf den beiden eben skizzierten Wegen bedarf, daß vielerorts Verzicht zu leisten ist und daß in Teilen der Welt Abschied zu nehmen wäre von einem Leben in sinnlosem Überfluß.

Abb. 5 zeigt, welche Typen es bei der Erreichung der Tragfähigkeitsgrenze gibt. Schießt eine exponentiell wachsende Bevölkerung über die Grenze hinaus, so tritt der Mechanismus des Regelkreises in Kraft, die Sterblichkeit wird zum Stellglied (Typ a). Der Mensch könnte dank seiner Vernunft diesen in der Natur häufigen Typ vermeiden und durch Bevölkerungsplanung sich vorausschauend der Grenze anpassen (Typ b). Die Fallunterscheidung wird modifiziert dadurch, daß die Tragfähigkeitsgrenze keine Konstante, keine starre Barriere ist; vielmehr verhält sie sich dynamisch. Wir haben erwähnt, daß die Erde in der Altsteinzeit unter damaligen Produktionsbedingungen sehr dicht besiedelt war, wobei einiges dafür spricht, daß jene Sammler und Jäger den Typ b verwirklicht haben[44]. Aber für das seßhafte Bauerntum, für die Farm- und Kolchoswirtschaft unserer Tage mit industriellen Produktionsmethoden auch in der Landwirtschaft gilt natürlich eine andere Grenze. Allein in den letzten 120 Jahren wurde die Fläche des Ackerlandes fast verdoppelt. Nur kann man nicht so handeln, als ob das wiederholbar wäre, als ob es keine Grenze gäbe. Sonst tritt trotz aller Anstrengungen, sie nach oben zu drücken,

41 Vgl. H. MOHR, Hungersnot oder chronische Unterernährung? Möglichkeiten und Grenzen der Ertragssteigerung in der Landwirtschaft (*Umschau in Wiss. u. Technik, 79.* 1979, 527–534).

42 H. J. SPÄTH, Energiewirksamkeit in der Weizenproduktion unter semiariden Klimabedingungen (*Erdkunde, 38.* 1984, 36–44).

43 W. HOLLSTEIN, *Eine Bonitierung der Erde auf landwirtschaftlicher und bodenkundlicher Grundlage* (Petermanns Geogr. Mitt. Erg. Hefte, 234). Gotha 1937.

44 Vgl. H. MARKL, Ökologische Grenzen und Evolutionsstrategie Forschung (*Forschung, Mitt. der DFG, 3.* 1980, I–VIII).

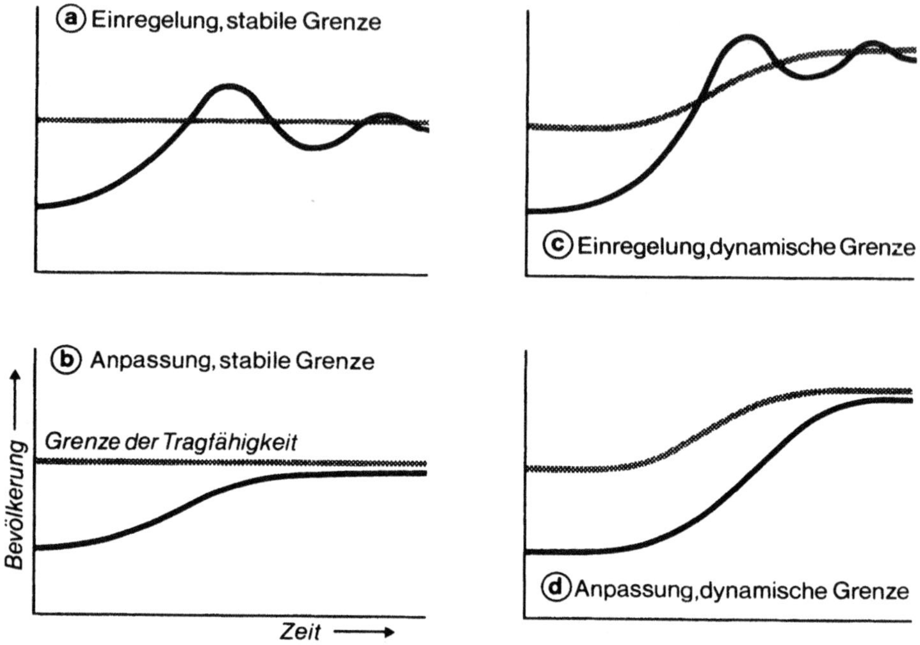

Abbildung 5: Typen der Wachstumsbegrenzung

eben doch wieder das Phänomen der Einregelung auf (Typ c), obwohl es auch bei einer dynamischen Grenze – und dort erst recht – den Typ der Anpassung geben könnte (Typ d) – doch die Hoffnung scheint irreal. Aber eine Konsquenz zeigt Abb. 5 sehr deutlich. Um zu vermeiden, daß der Typ der Einregelung mit aller menschlichen Not, die hinter der nüchternen Kurve steht, für immer größere Regionen Realität wird, ist Geburtenkontrolle unumgänglich.

VII

Das exponentielle Wachstum der Erdbevölkerung ist die Ausgangsbasis für weitere Systemstörungen. Zwar beginnt die Beeinflussung der Biosphäre durch den Menschen schon mit seinem Eintritt in das Geosystem, als der steinzeitliche Jäger das erste Feuer entfachte, und als die Wachstumskurve noch asymptotisch zur Zeitachse verlief. Nur drei weitere Beispiele für solche Beeinflussung aus früherer Zeit seien angefügt. Die Bewässerung der Felder führte schon in der Zeit der altorientalischen Hochkulturen zur Versalzung der Böden. Das Mittelalter im Abendland war durch Perioden der Entwaldung mit nachfolgender Bodenerosion gekennzeichnet. Bereits die Maya betrieben eine Brandrodungskultur in tropischen Regenwäldern. Aber erst mit der neuzeitlichen Intensivierung und Ausdehnung des Ackerbaus vor dem Hintergrund des Anstiegs der Bevölkerungskurve ist diese Beeinflussung ständig verstärkt worden. Senkungen des Grundwasserspiegels, schädliche Folgen der Anwendung von Dünger und Pestiziden sowie Desertifikation sind keine lokalen Erscheinungen mehr. Und zu den Systemstörungen, die vom Landbau ausgehen, gesellen sich diejenigen, die auf den Sektoren von Industrie und Dienstleistung ihren Ursprung haben. Mit dem Übergang zur industriellen und postindustriellen Gesellschaft werden die natürlichen Ressourcen in immer größerem Ausmaß beansprucht. In den hochentwickelten Ländern ist gesellschaftspolitisch ein Zwang zum exponentiellen Wirtschaftswachstum entstanden. Ein Staat, dessen Wohlstand von der internationalen Wettbewerbsfähigkeit abhängt, muß bei Prozeß- und Produktinnovationen andern Ländern ständig voraus sein. Wirtschaftliche Stagnation, jahrhundertelang eine Selbstverständlichkeit, gilt als nationales Unglück. Der Pro-Kopf-Verbrauch an Rohstoffen, an Konsum- und Investitionsgütern sowie an Dienstleistungen wächst selbst exponentiell. Und eben weil er ein Pro-Kopf-Verbrauch ist, wird er noch einer Exponentialkurve, nämlich der des Bevölkerungswachstums, aufgesetzt. Diese Selbstverstärkung ist die größte Gefahr für die Stabilität eines Systems, ich möchte sie die *exponentielle Superposition* nennen.

Die Folgen seien an einem einzigen Beispiel gezeigt, am Energieverbrauch, gemessen in Steinkohleneinheiten (SKE). Er ist auf der Erde höchst ungleich verteilt, Abb. 6 zeigt das. Im Weltmittel lag er 1978 bei 2000 kg SKE pro Kopf. Zwei Dutzend Staaten überschritten diesen Wert und auf die USA entfiel allein ein Drittel der Gesamtmenge; aber in vielen Ländern steht kaum ein Sechzigstel dessen zur Verfügung, was in Deutschland verbraucht wird.

Der Gegensatz zwischen hochmodernen Wirtschaftsregionen einerseits und riesigen Arealen mit unvorstellbarer Armut der Bevölkerung andererseits zeigt, daß die ökonomischen Theorien und Modelle falsch waren, die moderne Technologie in die Entwicklungsländer exportieren wollten, um dort das Wirtschaftswachstum durch Industrialisierung möglichst kurzfristig zu steigern. Die erhofften sektoralen und räumlichen Ausstrahlungseffekte von den geförderten Innovationszentren in die unterentwickelten Landesteile blieben aus. So kam es zwar zu statistischen Wachstumsraten, aber die Lage der breiten Massen verschlechterte sich. Ein solches Wachstum kann nicht als echte Entwicklung begriffen werden. Notwendig ist die Erfüllung der Grundbedürfnisse für alle[45]. Aber auch eine darauf gerichtete,

[45] In grundlegender Weise hat das am Beispiel Nordostbrasiliens mein Mitarbeiter in seiner Habilitationsschrift gezeigt: V. Rönick, *Ursachen der Armut und Hindernisse bei der Erfüllung der Grundbedürfnisse im ländlichen Raum Nordost-Brasiliens.* Münster 1985.

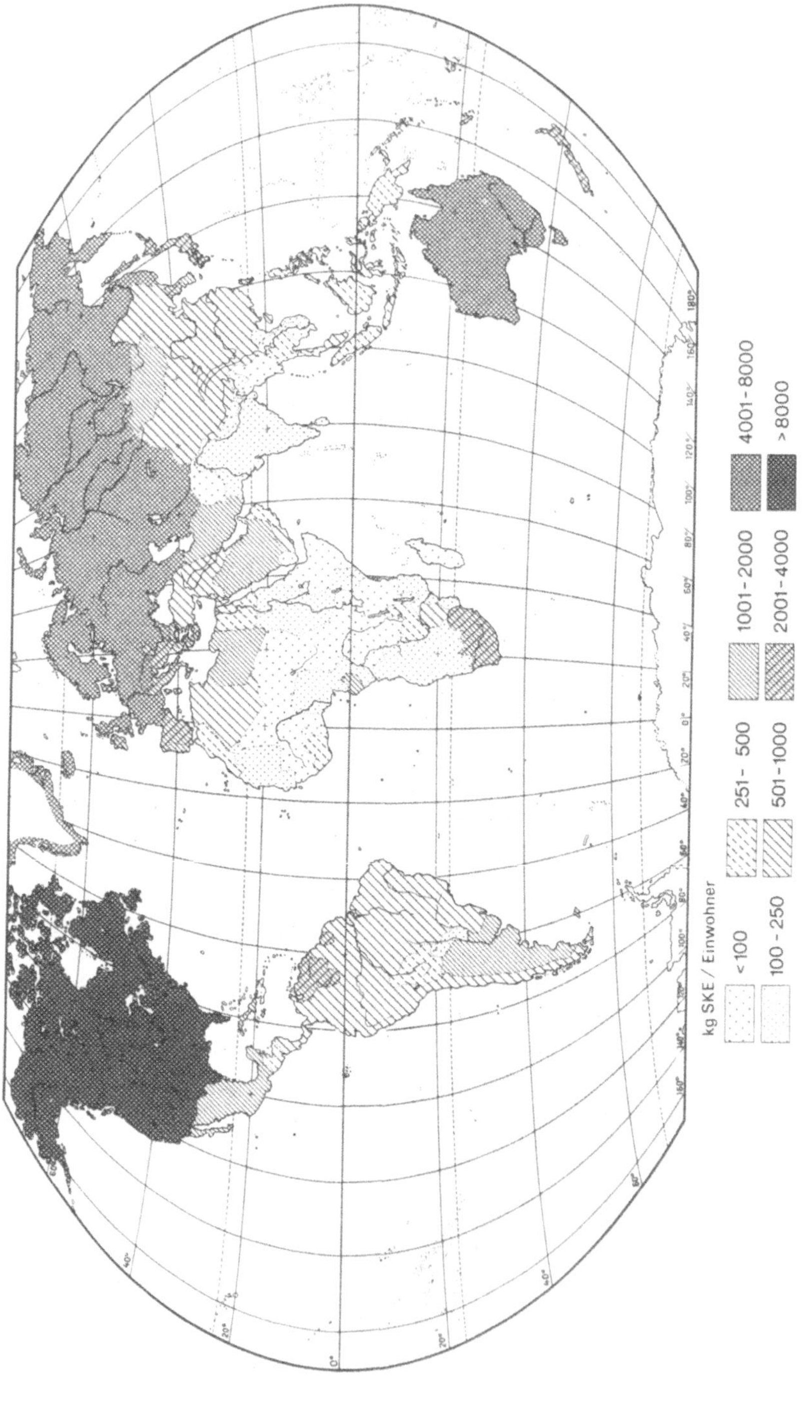

Abbildung 6: Energieverbrauch (1978)

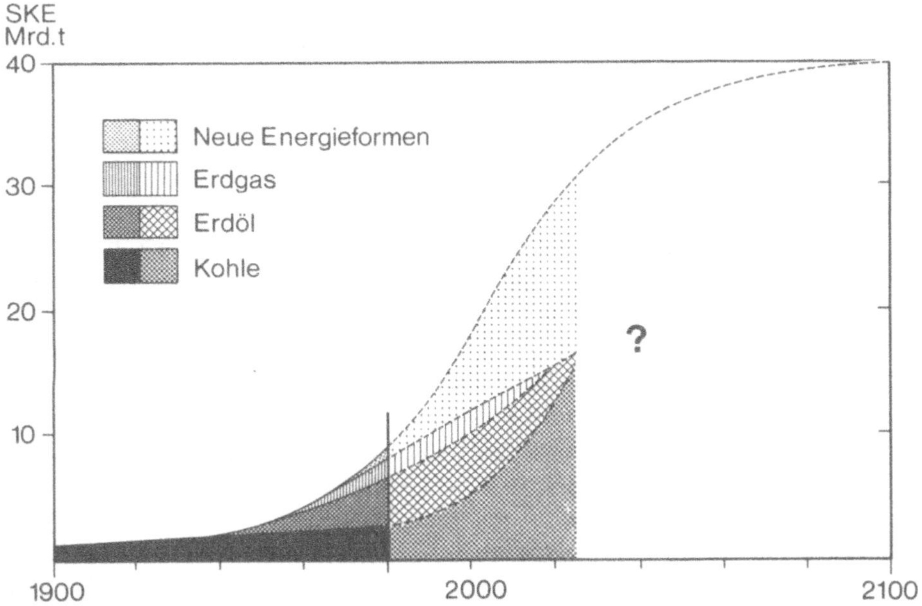

Abbildung 7: Energieverbrauch und Perspektiven

geänderte Entwicklungsstrategie erfordert langsamen, stetigen Anstieg des Energieverbrauchs. Einfache Annahmen machen die Folgen deutlich: von 1970 bis 1980 steigerte sich der Weltenergieverbrauch jährlich um 1%. Würde sich dieser Trend bis zum Jahr 2100 fortsetzen, dann läge das Mittel bei 6670 kg SKE pro Kopf. Nimmt man sehr vorsichtig nur einen Wert von 4000 kg an, so bedeutet das bei 10 Mrd. Menschen immer noch einen Gesamtbedarf von 40 Mrd. Tonnen SKE gegenüber einem realen Verbrauch von 8,8 Mrd. Tonnen im Jahr 1980. Abb.7 zeigt für den Zeitraum von 1900 bis 1980 das tatsächliche Wachstum und wagt eine Prognose. 1980 entfielen 32% des Energieverbrauchs auf Kohle, 44% auf Erdöl, 21% auf Erdgas und 3% auf sonstige Energieträger (Ende 1984 waren auf der Welt 344 Atomreaktoren in Betrieb, weitere 180 im Bau). Die Lebensdauer der Erdölreserven wird auf 34 Jahre geschätzt, die des Erdgases keinesfalls länger. Natürlich ist Abb. 7 nicht mehr und nicht weniger als ein Szenario. Aber es zeigt, daß die Menschheit am Scheideweg steht. Sollen die Prämissen geändert werden? Soll der Energieverbrauch der entwickelten Länder stagnieren oder gar sinken, der der armen Länder nicht mehr wesentlich steigen oder gar beides? Das erscheint politisch nicht durchsetzbar. Wenn aber der Energieverbrauch auch nur annähernd in der prognostizierten Form wächst, wie soll er dann gedeckt werden? Durch verstärkte Verbrennung von Kohle mit wahrscheinlich schwerwiegenden Folgen für das irdische Klima[46]? Durch den Ausbau der Kernenergieanlagen mit ihren Risiken? Kann es gelingen, Solarenergie in größerem Ausmaß einzusetzen? Fragen über Fragen, und der Energieverbrauch mit seiner nachweisbaren Schädigung der Umwelt ist nur *ein* Beispiel.

Denn bei der Luft- und Wasserverseuchung, bei der Bodenvergiftung, bei der Lärm- und Geruchsbelästigung wirkt ja vieles zusammen, für das der Energieverbrauch nur als *Indikator* diente. Japan, das wegen seiner vom Relief erzwungenen Zusammendrängung der Bevölkerung auf schmalen Küstensäumen für die Probleme einer beispiellosen Industrialisierung besonders anfällig ist, führt ein Register für die staatlich anerkannten Opfer der Umweltverschmutzung. Es erfaßt (Stand vom 31.3.1982) 100 000 Betroffene, klassifiziert nach ihren Krankheiten, darunter 9000 an diesen Krankheiten Verstorbene[47]. „Wenn sich die gegenwärtigen Entwicklungstrends fortsetzen, wird die Welt im Jahre 2000 noch übervölkerter, verschmutzter, ökologisch noch weniger stabil und für Störungen anfälliger sein als die Welt, in der wir heute leben" steht in dem Bericht an den amerikanischen Präsidenten[48].

Das Erstaunliche ist nur, wie unbeeindruckt die Menschen bleiben. Denn es ist ja zu unterscheiden zwischen ihren verbalen Bekenntnissen und ihrem realen Handeln. Ist es die vermeintliche Sicherheit eines mangellosen Lebens, die sich in den postindustriellen Gesellschaften als Leitbild durchgesetzt hat, und die den Blick verstellt? Gilt das, was Wilhelm Kamlah so formuliert hat: „Die voranschreitende Weltbemächtigung von Wissenschaft und Technik erzeugt die Illusion, der einzelne habe an diesem Fortschritt nicht nur einen bescheidenen Anteil, sondern sei eben ‚der Mensch', der dies alles schon heute vollbringt – oder doch eines späteren Tages vollbringen und dann von jeglichem Mangel befreit sein wird"[49]? Steht der Lösung des Nord-Süd-Konfliktes die uralte Herrenmenschenmoral entgegen, die Kallikles in Platos „Gorgias" vertritt: der Stärkere hat das Naturrecht, Herrscher zu sein, dem alle Güter des Lebens zur Verfügung stehen. Wer das nicht begreift und nicht danach handelt, gehört zu den Dummen, die an ihrem Unglück selber Schuld sind[50]? – Der Mensch begehrt vieles, dessen er nicht bedarf. Aber er bedarf

[46] Zu den möglichen Einflüssen des Menschen auf das Klima wird in erster Linie die Erhöhung des Kohlendioxidgehaltes der Atmosphäre als Folge der Verbrennung fossiler Kohlenwasserstoffe sowie der Brandrodung in den Tropenwäldern gerechnet. Die Zahl der Publikationen darüber füllt inzwischen ganze Bibliotheken. Zur Einführung vgl. W. Bach, *Gefahr für unser Klima.* Karlsruhe 1982.

[47] W. Flüchter, Umweltproblematik und Umweltschutzpolitik in Japan. Grundzüge und Besonderheiten (*Geogr. Rundschau, 36.* 1984, 100–113).

[48] R. Kaiser (Hg.), *Global 2000. Der Bericht an den Präsidenten.* Deutsche Ausgabe. Frankfurt [39]1981, 25.

[49] Vgl. W. Kamlah, *Philosophische Anthropologie. Sprachliche Grundlegung und Ethik.* Mannheim/Wien/Zürich 1972, 154f.

[50] Vgl. G. Eigler (Hg.), *Plato, Werke in acht Bänden.* Hier: *Gorgias,* Bd. 2. Darmstadt 1973, 379ff.

vieler Dinge, die er nicht begehrt. Das erste zu ändern und das zweite der Vergessenheit zu entreißen, scheint unendlich schwer zu sein.

VIII

Die letzten Gedanken leiten von der Anamnese zur Diagnose über. Alle im Geosystem ablaufenden Prozesse lassen sich bezüglich ihrer Erklärbarkeit in zwei Gruppen einteilen. In der einen Gruppe herrscht Naturgesetzlichkeit. Wenn wir die Gesetze erkannt haben, nach denen im tropischen Regenwald im Vergleich mit einem Laubwald unserer Breiten das Zweieinhalbfache an Biomasse produziert wird, können wir den Vorgang erklären. Wir haben ihn verstanden und geben uns damit zufrieden. In der anderen Gruppe sind Handlungen des Menschen die Ursache der Veränderungen. „Denn nach dem Grundsatz der Kausalität sind Handlungen immer der erste Grund von allem Wechsel der Erscheinungen", sagt KANT[51]. Damit geben wir uns aber *nicht* zufrieden, sondern wir fragen weiter. Denn wenn menschliches Handeln das Geosystem regional und auch bereits global erkennbar in Mitleidenschaft zieht, teilweise auf Generationen hinaus irreversibel schädigt, ist die Frage unausweichlich, warum der Mensch trotz der Einsicht in die Folgen seines Tuns eben dies Handeln nicht ändert.

Handeln soll definiert werden als bewußtes, zweckgerichtetes Einwirken des Menschen auf seine Umwelt. Dabei wird unterstellt, daß bestimmte Motive den Menschen zu einer Änderung des Umweltzustandes antreiben, daß er zwischen mehreren Handlungen wählen kann, sich die resultierenden Ergebnisse vorzustellen vermag und sie als Alternativen unter Gesichtspunkten der Zweckmäßigkeit oder der Moral wertet[52]. Kurz: Handeln ist menschliches Verhalten, mit dem ein subjektiver Sinn verbunden ist. Es kann im aktiven Tun, im passiven Dulden oder auch im Unterlassen bestehen[53].

Menschliches Leben ist fast ausschließlich Handlung in diesem Sinne, aber eine einheitliche Handlungstheorie ist immer noch ein Desiderat, weil sie nur durch

[51] I. KANT, *Kritik der reinen Vernunft.* Bd. IV der Akademieausgabe. Berlin 1911, 137.

[52] Vgl. zu dieser Definition M. RUTSCH, Handeln in entscheidungstheoretischer Sicht, in: H. LENK (Hg.), *Handlungstheorien – interdisziplinär,* Bd. 1. München 1980, 223–247. RUTSCH beleuchtet auch die Problematik einer solchen Definition. Noch allgemeiner definiert H. LENK, Handlung als Interpretationskonstrukt, in H. LENK (Hg.), *Handlungstheorien – interdisziplinär,* Bd. 2, 1. Halbband. München 1978, 279–350, 345.

[53] M. WEBER, Soziologische Grundbegriffe, in: J. WINCKELMANN (Hg.), *Gesammelte Aufsätze zur Wissenschaftslehre.* Tübingen [3]1968, 541–581, 542.

interdisziplinäre Forschung geschaffen werden könnte[54]. Obwohl es der Kulturgeographie schon lange um die anthropogenen Kräftefelder und um die Räume gleichen menschlichen Verhaltens geht[55], hat sie sich der Handlungstheorie erst spät zugewandt. Nicht zuletzt deshalb, weil der Geograph, jedenfalls wenn er von der naturwissenschaftlichen Seite kommt und dort mit der intersubjektiv überprüfbaren, kausalen Erklärung nach Gesetzen arbeitet, Mühe hat, das deutende Verstehen von Handlungsgründen ebenfalls als Erklärung zu akzeptieren[56]. Es ist die gleiche Schwierigkeit, die dazu führte, daß MAX WEBERS Definition der Soziologie als Wissenschaft, die „soziales Handeln deutend verstehen und dadurch in seinem Ablauf und seinen Wirkungen ursächlich erklären will", so wenig Anklang fand[57]. Vor allem aber fehlt eine konsistente Handlungstheorie, die die Erklärungsansätze der *Entscheidungstheorie*, der *Humanethologie* und des *Behaviorismus* als die für die Geographie wichtigsten Komponenten verbindet. Ich maße mir nicht an, diese Lücke schließen zu können, möchte aber versuchen, die Kompliziertheit des Problems anzudeuten und damit zugleich auch die Richtung, in der gearbeitet werden muß. Es gilt nämlich gerade hier, daß die Verbindung empirischer Erhebungen mit theoretisch zentralen Fragestellungen nur in Ansätzen vorhanden ist[58].

Eine Entscheidungstheorie, die davon ausgeht, daß kein anderes Lebewesen so wie der Mensch dazu geschaffen ist, seine Umwelt zur Kulturwelt umzuarbeiten, die sein Bedürfnis zur aktiven Gestaltung seines Lebensraumes höher veranschlagt als jede stereotype Reaktion auf Umwelteinflüsse und die bei der Frage nach den Ursachen menschlichen Handelns frei gewählte Zweck- und Zielsetzungen für bedeutungsvoller hält als den Ablauf von Verhaltensweisen nach angeborenen Pro-

[54] Facettenreich wird das in folgendem Sammelwerk beleuchtet: H. LENK (Hg.), *Handlungstheorien – interdisziplinär.* Es umfaßt: Bd. 1, *Handlungslogik, formale und sprachwissenschaftliche Handlungstheorien.* München 1980. Bd. 2, *Handlungserklärungen und philosophische Handlungsinterpretationen.* 1. Halbbd. München 1978, 2. Halbbd. München 1979. Bd. 3, *Verhaltenswissenchaftliche und psychologische Handlungstheorien.* 1. Halbbd. München 1981, 2. Halbbd. München 1984. Bd. 4, *Sozialwissenschaftliche Handlungstheorien und spezielle systemwissenschaftliche Ansätze.* München 1977.

[55] Zu diesem Thema H. BOBEK, Stellung und Bedeutung der Sozialgeographie (*Erdkunde, 2.* 1948, 118–125); Ferner W. HARTKE, Gedanken über die Bestimmung von Räumen gleichen sozialgeographischen Verhaltens (*Erdkunde, 13.* 1959, 426–436).

[56] Bahnbrechend hat hier gearbeitet E. WIRTH, Kritische Anmerkungen zu den wahrnehmungszentrierten Forschungsansätzen in der Geographie (*Geogr. Z., 69.* 1981, 161–198). Vgl. ferner E. WIRTH, Geographie als moderne theorieorientierte Sozialwissenschaft? (*Erdkunde, 38.* 1984, 73–79).

[57] Die Definition findet sich bei M. WEBER, *Wirtschaft und Gesellschaft. Grundriß der verstehenden Soziologie.* 1. Halbband. Tübingen [5]1976, 1. Vgl. dazu auch O. SCHWEMMER, Praktische Begründung, rationale Konstruktion und methodische Überprüfung. Über die handlungstheoretischen Grundlagen der Sozialwissenschaften, in: H. LENCK (Hg.), *Handlungstheorien – interdisziplinär,* Bd. 2, 2. Halbband. München 1979, 535–580.

[58] In ähnlichem Zusammenhang konstatiert das TH. W. ADORNO, Soziologie und empirische Forschung, in: TH. W. ADORNO et al., *Der Positivismusstreit in der deutschen Soziologie.* Darmstadt [10]1982, 81–101, 97.

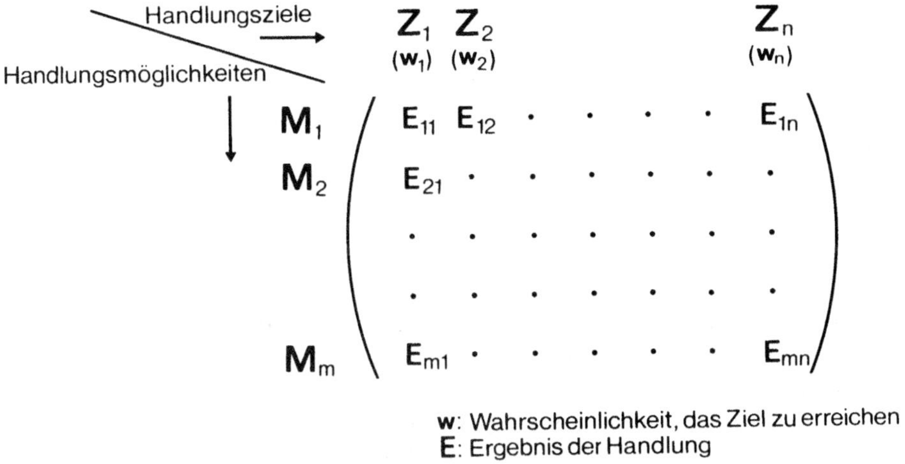

Abbildung 8: Schema einer Handlungsmatrix

grammen, – eine solche Entscheidungstheorie läßt sich formal am ehesten auf eine Handlungsmatrix zurückführen, wie sie Abb. 8 darstellt. Um bestimmte Ziele zu erreichen, stehen dem Akteur verschiedene Möglichkeiten offen. Er wird unter dem Aspekt auswählen, welche Handlung ihm mit größerer Wahrscheinlichkeit Erfolg verspricht. Die Ergebnisse müssen aber, weil Wahrscheinlichkeit eben nicht Sicherheit ist, mit dem Ziel verglichen werden. Und wenn dieses Ziel doch nicht so wie geplant erreicht wurde, dann wird eine neue Möglichkeit des Handelns gewählt. Damit schafft der Akteur immer neue Situationen im Lebensraum und in der sozialen Wirklichkeit, der Zustand des Geosystems wird immer neu interpretiert. Eine Handlungskette wird dadurch erklärt, daß die Entscheidungen des Handelnden vor dem Deutungshintergrund objektiver Zwecke und Maximen nachvollzogen werden. Gelingt eine sinnrationale Begründung der Handlungsabläufe, so ist die Erklärung gelungen[59].

Dies weite Feld der Entscheidungstheorie kann für die Kulturgeographie mit Gewinn erschlossen werden, wenn es um das aktive, raumwirksame Handeln der Menschen geht. Das ist notwendig als korrigierendes Gegengewicht zu der vom Behaviorismus geprägten geographischen Verhaltensforschung[60]. Sie betont die Abhängigkeit des Verhaltens vom geographischen Milieu und von der sozialen und kulturellen Umwelt. Ihr ist Reaktion wichtiger als Aktion. Die geographische Ver-

[59] Das wird ausführlich erörtert von O. SCHWEMMER a. a. O. (= Anm. 14).

[60] Übersicht mit Bibliographie bei K. R. COX u. R. G. GOLLEDGE, *Behavioral problems in geography* (Northwestern Univ. Studies in Geography, 17). Evanstone, Illinois 1969. Ferner bei E. THOMALE, Geographische Verhaltensforschung (*Marburger Geogr. Schriften, 61.* 1974, 9–30).

haltensforschung übernimmt eine der Thesen des Behaviorismus, daß nämlich der Mensch an der Ausformung seines Verhaltens selbst mitwirkt, indem positive und negative Konsequenzen aus seinen Handlungserfahrungen sein weiteres Verhalten verstärken oder abschwächen. Er wird demnach durch Lernprozesse auf ein bestimmtes Verhaltensinventar hin konditioniert. Dieser Ansatz ist umweltpsychologisch fundiert. Hauptinstrument empirischer Forschung ist folgerichtig der Fragebogen. Aber so sehr die Datenerhebung zur Erklärung raumrelevanten Verhaltens durch das Interview eine modeartige Blüte erlebt hat, so sehr ist demgegenüber auch eine kritische Einstellung berechtigt. Oft werden durch Befragung die Vorstellung und die Bewertung von Situationen sowie die daraus resultierenden Motive des Handelns beim Befragten überhaupt erst produziert.

Gerade deshalb möchte man wissen – und damit kommen wir zur dritten Komponente –, ob es denn nicht ein Verhaltensinventar gibt, daß für den Menschen schlechthin gilt, in allen Kulturen und in allen sozialen Systemen. Die Ergebnisse der Humanethologie gestatten es, die Frage zu bejahen[61]. Es kann als gesichert gelten, daß der Mensch *auch* genetisch bedingten Tendenzen des Verhaltens folgt. Dabei muß betont werden, schon um den immer wieder auftretenden Mißverständnissen vorzubeugen, daß die Menschheit zwar über ein gemeinsames Potential ererbter und kulturunabhängiger Verhaltensweisen als Teil ihres genetischen Biogramms verfügt, daß dieses Verhaltensprogramm aber eine große und kulturbedingte Variationsbreite der tatsächlichen Verhaltensweisen zuläßt. Es ist gerade die Flexibilität der menschlichen Lebensführung, die die Anpassung an die verschiedensten Lebensräume der Ökumene und an das selbstgeschaffene Inventar der jeweiligen Kulturwelt ermöglicht und die Überlebenschancen erhöht hat. Dennoch sind es die genetisch fixierten Tendenzen des raumbezogenen und raumwirksamen Verhaltens, die für das Ökosystem Mensch-Erde eine besondere Bedeutung haben. Dabei steht an erster Stelle, daß der Mensch eine stammesgeschichtlich erworbene Territorialität besitzt. So wie er einen Verfügungsraum braucht, bedarf er komplementär eines Distanzraumes. Die Verletzung des Eigenraumes, etwa durch übergroße Wohndichten bei falscher Siedlungsweise, kann zu Aggressionen führen. Der Drang, das angeborene Neugierverhalten auszuleben, erfordert räumlich gesehen das Vorhandensein eines Bewegungs- und Aktivitätsraumes. Im übertragenen Sinne sind die Konsequenzen für das Geosystem noch gravierender; ich komme darauf zurück. Schließlich leidet der Mensch der urbanisierten Massengesellschaft unter der Einschränkung des Kontakt- und Naturbezugsraumes[62].

[61] I. Eibl-Eibesfeldt a. a. O. (= Anm. 28) informiert umfassend über den Stand der Forschung.

[62] W. Moewes, *Grundfragen der Lebensraumgestaltung. Raum und Mensch, Prognose, „offene" Planung und Leitbild.* Berlin/New York 1980 hat den Beitrag der Ethologie zum Raumverhalten gewürdigt und die erwähnten Raumkategorien entwickelt.

Raumrelevantes menschliches Handeln kann letztlich nur verstanden werden, wenn für keinen Erklärungsansatz der Anspruch ausschließlicher Gültigkeit erhoben wird. Ein Teil des menschlichen Handelns vollzieht sich ohne Zweifel zweckrational, ohne daß Umweltwahrnehmung oder genetische Fixierung eine Rolle spielen. Aber es ist eben nur ein Teil, und die gesamte Eigenart des menschlichen Handelns läßt sich mit Konzepten der rationalen Entscheidungstheorie allein nicht fassen[63]. Aber auch für den Rest gilt nicht das „Entweder-Oder", sondern ein vermittelndes „Sowohl-Als auch" bezüglich des stärker individuell durch Umwelt und Lernen geprägten Verhaltens einerseits und des stammesgeschichtlich programmierten Verhaltens andererseits[64].

IX

Vor diesem Hintergrund kann man versuchen, eine Antwort auf die Frage zu geben, warum der Mensch als Störfaktor im Geosystem auftritt, und warum ökologisches Handeln so schwer fällt. Freilich muß vorangeschickt werden, daß die Handlungsbedingungen im Laufe der kulturellen Evolution nicht konstant bleiben. Die ökologische Krise der Gegenwart ist unter Handlungsbedingungen entstanden, die für unsere „Wendezeit" epochenspezifisch sind. Das kommt andeutungsweise schon in der kulturgeographischen Stufentheorie zum Ausdruck[65], ist aber von historischer Seite detailliert entwickelt worden[66]. Abb. 9 zeigt drei Epochenschwellen, die um 800 v. Chr., um 1500 und um die letzte Jahrhundertwende angesetzt werden. Sie leiten von der Alteuropäischen Gesellschaft zur Neuzeit und zur „Nach-Neuzeit". Handlungsbedingungen in der ersten Epoche reichen von der Entdämonisierung der Natur über die Moralisierung des Bösen bis zur Schaffung von Deutungssystemen unter dem Einfluß von Philosophie und Religion. In der Neuzeit beläßt die Aufklärung einen großen Bestand an Traditionen, die nicht in Frage gestellt werden, obwohl die Traditionsbewahrung jetzt der subjektiven

[63] Vgl. dazu F. H. Tenbruck, Zur Anthropologie des Handelns, in: H. Lenk (Hg.), *Handlungstheorien – interdisziplinär*, Band 2, 1. Halbband. München 1978, 89–138.

[64] Dazu schreibt K. R. Popper a. a. O. (= Anm. 13): „Ein Großteil unseres zweckgerichteten Verhaltens ... vollzieht sich ohne Einmischung des Bewußtseins. Welche biologischen Leistungen werden dann aber vom Bewußtsein unterstützt? Ich schlage als eine erste Antwort vor: die Lösung von Problemen nicht-routinemäßiger Art" (162).

[65] Vgl. H. Bobek a. a. O. (= Anm. 24). Dort heißt es gerade in bezug auf die Erscheinungen der Massengesellschaft: „Das Verlangen der Massen nach ständiger Erhöhung und zugleich Sicherung der Lebenshaltung einerseits, die Problematik der weitertreibenden industriellen Expansion andererseits zwingen den Staat, auch wo es nicht zu revolutionären Umstürzen kommt, zu massiven Interventionen und führen schließlich zu einer dirigistischen und sozialistischen Wirtschafts- und Wohlfahrtspolitik" (292 f.).

[66] W. Oelmüller, Zur Rekonstruktion unserer historisch vorgegebenen Handlungsbedingungen, in: W. Oelmüller (Hg.), *Wozu noch Geschichte?* München 1977, 267–309.

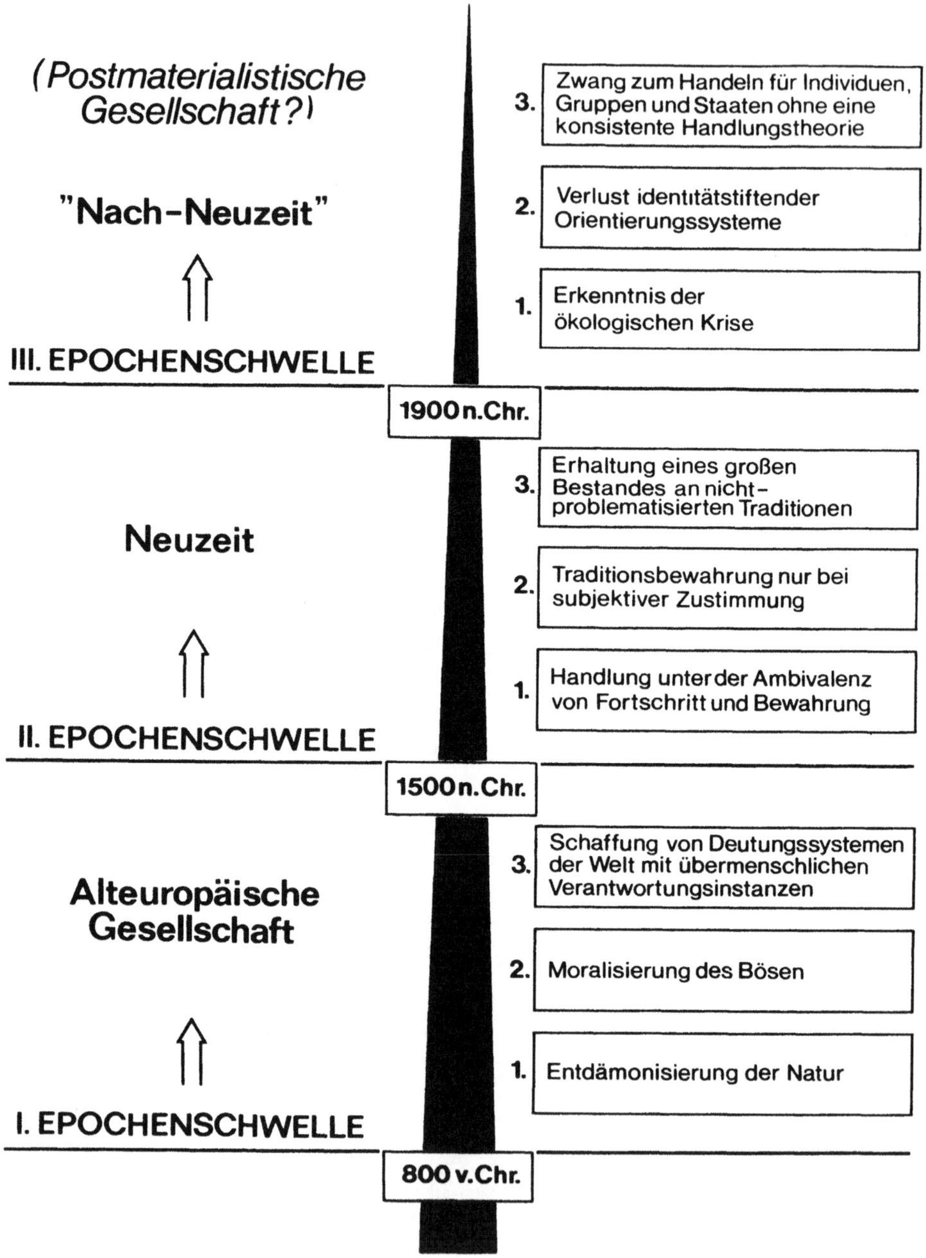

Abbildung 9: Strukturwandel von Handlungsbedingungen (nach OELMÜLLER, 1977)

Zustimmung bedarf. Aber immer noch sagt die Tradition dem Menschen, was er tun soll. Wir müssen hier, so interessant die Einzelheiten erscheinen mögen, den älteren Wandel der Handlungsbedingungen auf sich beruhen lassen. Entscheidend ist, daß sich in der Gegenwart vielleicht (dahinter steht ein Fragezeichen!) der Übergang in eine postmaterialistische Gesellschaft vorbereitet. Darunter soll eine Gesellschaft verstanden werden, die die Erhaltung der Natur höher bewertet als deren Ausbeutung, Solidarität höher als Rangstreben einschätzt, Wohlstand nicht um den Preis jedes ökologischen Risikos schaffen will und die Umweltschutz über Wirtschaftswachstum stellt[67].

Der Weg in eine solche Gesellschaft brächte die Entschärfung der ökologischen Krise, eine Krise, die weithin bewußt geworden ist. Dieses Bewußtsein ist eine früher unbekannte, für unsere Epoche wichtige Handlungsbedingung. Die Setzung und Befolgung von ökologisch und sozial angemessenen Normen konnte in Kleingruppen und überschaubaren Gesellschaften einen Orientierungsrahmen schaffen, in den sich der einzelne mit seinen Wünschen und Pflichten einordnete und damit seine Identität fand. Die Massengesellschaft hat diese Orientierung verloren. Zugleich aber besteht – auch das ist in diesem Ausmaß neu – ein ständiger Handlungszwang bei der Lebensraumgestaltung. Neue Siedlungsgebiete und neue Verkehrswege müssen erschlossen werden, neue Fabriken und neue Kraftwerke sind zu bauen, Rohstoffe, Böden und Gewässer werden immer stärker beansprucht, immer neue Zentren des Massentourismus entstehen – und alles, ohne die ökologischen Folgen genau zu kennen. Oder, wenn man sie kennt, ohne entsprechend zu handeln, trotz des geschärften Bewußtseins. Verlust der Prognosekompetenz, Verlust von Überschaubarkeit und Verlust von Korrekturmöglichkeiten bei Handlungen sind die Grundprobleme der ökologischen Krise[68]. Handlungserklärung nach entscheidungstheoretischen Modellen sowie nach behavioristischen und ethologischen Aspekten ist plausibel für das Handeln von Individuen und Kleingruppen in überschaubaren Situationen. Das Integral über das Handeln vieler einzelner in einem Makrosystem ist aber offenbar ein Phänomen sui generis, mit dem sich die Handlungstheorie noch kaum beschäftigt hat[69]. Und doch ist das moderne soziale Leben dadurch gekennzeichnet, daß die Verantwortlichkeit des Individuums erstickt wird von der Lawine der anonymen Organisationen[70].

[67] Dazu H. J. Fietkau, *Bedingungen ökologischen Handelns. Gesellschaftliche Aufgaben der Umweltpsychologie.* Weinheim/Basel 1984, 20ff.

[68] H. J. Fietkau a. a. O. (= Anm. 67), 25.

[69] Einen Ansatz bringt G. Ropohl, Ein systemtheoretisches Beschreibungsmodell des Handelns, in: H. Lenk (Hg.), *Handlungstheorien – interdisziplinär,* Band 1. München 1980, 323–360.

[70] Dazu schreibt W. Kamlah a. a. O. (= Anm. 49): „Dieses Gefälle der Institutionen von der ‚wir' sagenden Gruppe in die Anonymität zahlloser bloßer ‚Organisationen' ist ein wichtiges Faktum des modernen sozialen Lebens, das sich geschichtlich herausgebildet hat unter heute weiterhin andauernder Zunahme der Organisationen" (86).

Neben der Übervölkerung der Erde hat wesentlichen Anteil an der ökologischen Krise das genetisch verankerte Neugierverhalten des Menschen. Was sich räumlich als Explorationsdrang äußert, ist im übertragenen Sinne das Faustische, das Unvermögen des Menschen, an einer Schwelle stehen zu bleiben, gepaart mit einer selbstzerstörerischen Risikobereitschaft. Keine mögliche technische Entwicklung unterbleibt, jedes erreichbare Ziel wird verfolgt, auch wenn die Beschleunigung des kulturellen und technischen Wandels das Anpassungsvermögen des Menschen längst überfordert hat.

Eine empirisch gesicherte Erkenntnis der Humanethologie ist ferner, daß Menschengruppen sich territorial voneinander abzugrenzen suchen. Mißachtung des territorialen Besitzanspruchs führt zu Konflikten. Die Landoberfläche der Erde ist bis auf den letzten Winkel als Besitz souveräner Staaten aufgeteilt, zunehmend gilt das auch schon für die Meere. Damit sind auch die Ressourcen, die im Boden ruhen, zum Besitz geworden. Besitz aber muß verteidigt werden. Deshalb ist aller Einsatz von Forschergeist und Geldmitteln auf dem Feld der Verteidigung nur die Folge eines angeborenen Verhaltens. Aber sofern dieser Einsatz den Pro-Kopf-Verbrauch von Ressourcen und Energie steigert, trägt er direkt zur ökologischen Krise bei. Indirekt wird er zum Störfaktor, weil er verhindert, daß die Diskrepanzen im Entwicklungsstand der Länder abgebaut werden.

Der Pro-Kopf-Anteil am Bruttosozialprodukt erreicht für die ärmsten Länder der Erde kaum 100 Dollar, für die reichsten liegt er bei Werten über 12 000 Dollar pro Jahr. Daß es Diskrepanzen gibt, ist trivial; daß es ein Rangstreben gibt, ist natürlich. Weder trivial noch natürlich ist aber, daß die Reichen immer reicher und die Armen immer ärmer werden, daß die Strategie der Erfüllung der Grundbedürfnisse für einige Hundert Millionen Menschen nicht funktioniert. Und für die Zukunft sagen alle einschlägigen Studien noch eine Verschärfung des Wohlstandsgefälles voraus. Das steht nicht nur im Widerspruch zu ethischen Normen, sondern auch im Gegensatz zu einer vernünftigen Weltwirtschaftspolitik. Dennoch ist dieser Widerspruch nur eine Konsequenz der Handlungsbedingungen. Soziale Grundrechte kommen in einer Gruppe mit überschaubaren und persönlichen Bindungen dadurch zustande, daß die Gesellschaftsmitglieder sich in einer Solidargemeinschaft verbunden und verpflichtet fühlen. Sie sorgen dafür, daß der Lebensstandard bei keinem Mitglied unter eine bestimmte Grenze fällt, notfalls unter Verzicht auf eigene Ansprüche. Diese gegenseitige Verantwortung versagt, wenn die globalen Systemglieder Massengesellschaften geworden sind. Das Zusammenwachsen der Menschheit zu einer Solidargemeinschaft ist zwar ein hohes, humanes Ziel, aber es bleibt in der von ideologisch verhärteten Egoismen, von Machtmißbrauch, Wachstumsdenken, Imponiergehabe und Neid bestimmten Wirklichkeit vorläufig noch in unerreichbarer Ferne. Der Begriff des globalen Ökosystems, der Verbund aller Regionen durch Regelkreise, läßt sich nicht vermitteln, jedenfalls nicht so überzeugend, daß daraus angemessenes Handeln folgt. Allein das Auftauchen einer alternativen Sinnwelt (der postmaterialistischen Gesellschaft) wird als Gefahr empfunden, weil dadurch deutlich wird, daß die eigene Sinnwelt (der materialistischen Gesellschaft) nicht allein gültig und damit in ihrer Überzeugungskraft geschwächt ist[71].

X

Zusammenfassend bleibt festzuhalten: im Geosystem wächst der Pro-Kopf-Verbrauch bezüglich der wichtigsten, nicht regenerierbaren Ressourcen exponentiell, daher kommt es zur exponentiellen Superposition, weil die Bezugsgröße, die Weltbevölkerung, selbst exponentiell wächst. Die Probleme der positiven Rückkopplung werden verschärft durch die Folgen des territorialen und explorativen Verhaltens sowie durch die mangelnde Solidarität, die aus dem Rangstreben erwächst, obwohl noch zu keiner Zeit ein solcher Informationsfluß über den Zustand des Systems bis in den letzten Winkel der Erde bestanden hat. Eine Entstörung gelingt dann und nur dann, wenn zum einen das generative Verhalten der Menschheit sich so ändert, daß die exponentielle Bevölkerungskurve in den asymptotischen Anpassungstrend einer logistischen Kurve übergeht, und wenn zum anderen Abschied von der Vorstellung der Möglichkeit eines immerwährenden Pro-Kopf-Wachstums von Kapital, Gütern und Dienstleistungen genommen wird. *Voraussetzung für beides ist ein Denken in neuen Begriffen, ein ökologisches Denken in ganzheitlichen Systemen, das umgesetzt werden muß in ein ökologisches Handeln auch unter den Bedingungen von Massengesellschaften.*

Für den einzelnen gilt, was Wilhelm Kamlah als Grundnorm der philosophischen Anthropologie aufgestellt hat: „es ist jedermann geboten zu beachten, daß seine Mitmenschen bedürftig sind wie er, und demgemäß zu handeln"[72]. Wer als einzelner handelnd nur momentanen Impulsen folgt, weder den Bezug zu seinem Leben in dessen ganzer Spannweite noch den Bezug zu seinen Mitmenschen herstellt, verfehlt ein erfülltes Leben und handelt insofern unvernünftig. Ebenso unvernünftig stellt sich derzeit das Handeln der Massengesellschaften dar. Das Integral über das Handeln vieler einzelner ist näherungsweise faßbar als das politische Handeln auf der Ebene der Staaten. Die Konsequenz aus dem ganzheitlichen Systemdenken heraus ist dann die Forderung nach einer Weltregierung und einer funktionierenden Weltinnenpolitik. Das erscheint utopisch, aber kein Geringerer

[71] So bei P. L. Berger u. T. Luckmann a. a. O. (= Anm. 26), 116.

[72] W. Kamlah a. a. O. (= Anm. 49), 96.

als CARL FRIEDRICH v. WEIZSÄCKER hat diesen Gedanken geäußert[73]. Die Aufblähung des Dienstleistungssektors, von der zu Beginn gesprochen wurde, geht einher mit der wachsenden Informationsverarbeitung. Man könnte die Möglichkeiten der Informationstechnik zur Sinngebung des Lebens unter ökologischen Normen und unter Wahrung der kulturellen Differenzierung nutzen. Ob das gelingt, steht dahin; die Erfahrung stimmt eher skeptisch.

Eine Voraussage des zukünftigen Verhaltens von Gesellschaftssystemen, die in historische Lebenszusammenhänge eingebunden und von futuristischen Machtinteressen besessen sind, kann auf wissenschaftlicher Basis nicht gemacht werden. JÜRGEN HABERMAS hat das richtig gesehen, wenn er von diesen gesellschaftlichen Systemen sagt: „sie gehören nicht zu den repetetiven Systemen, für die erfahrungswissenschaftlich triftige Aussagen möglich sind“[74]. Insofern bleibt die Frage nach dem Menschen letztlich eine offene Frage. Das „Ignorabimus“ verbietet aber nicht, über die Variationsbreite der Möglichkeiten nachzudenken.

Machtstreben bei gleichzeitigem Bevölkerungsdruck und spürbarer Ressourcenerschöpfung könnte zu einer Flucht nach vorn, zu einer globalen ökologischen Katastrophe führen. Aber wer den epochemachenden Wechsel der Handlungsbedingungen Revue passieren läßt, der weiß, welche tiefgreifende Wandlungen des Bewußtseins und der gesellschaftlichen Ordnung die Menschheit durchschritten hat. Für den besteht dann auch kein Anlaß, die Hypothese grundsätzlich zu verwerfen, daß die Menschheit in der Lage sein könnte, eine an den Gesetzen des Geosystems orientierte Ethik der Erfüllung der Grundbedürfnisse für alle zu entwickeln und nach ihren Normen zu handeln.

[73] C. F. v. WEIZSÄCKER, *Wege in der Gefahr.* München ³1981, 243 f.

[74] J. HABERMAS, Analytische Wissenschaftstheorie und Dialektik. Ein Nachwort zur Kontroverse zwischen Popper und Adorno, in TH. W. ADORNO et al., *Der Positivismusstreit in der deutschen Soziologie.* Darmstadt ¹⁰1982, 155–191, 166.

Zusammenfassung der Diskussion

Der Vortrag von Herrn Professor Dr. rer. nat. Hermann Hambloch aus Münster mit dem Thema „Der Mensch als Störfaktor im Geosystem" hat eine außergewöhnlich lebhafte Diskussion ausgelöst, die im Stenographenbericht fünfundfünfzig Schreibmaschinenseiten umfaßte. Da viele der recht kontrovers diskutierten Probleme mehrfach von verschiedenen Rednern behandelt wurden, habe ich Herrn Hambloch gebeten, aus der mir vorliegenden stenographischen Aufzeichnung eine Zusammenfassung der Diskussion zu erstellen, die Herr Hambloch liebenswürdigerweise auf vier Seiten konzentriert hat. Er hat sich dabei bemüht, die verschiedenen Fragenkreise herauszuarbeiten.

An der Diskussion haben folgende Mitglieder der Klasse für Geisteswissenschaften teilgenommen:

Andreas Hillgruber, Niklas Luhmann, Reinhold Merkelbach, Paul Mikat, Karl J. Narr, Konrad Repgen, Hans Schadewaldt, Rüdiger Schott, Herbert Wiedemann und als Gast aus Aachen Professor Dr. phil. Klaus Hammacher.

Hans Schadewaldt
Sekretar der Klasse für Geisteswissenschaften

Die im Vortrag bewußt in den Mittelpunkt gestellte globale Systembetrachtung nahm, was ihre Zulässigkeit und ihre Konsequenzen angeht, auch in der Diskussion breiten Raum ein. Folgende Fragenkreise wurden angesprochen:

1. Ist es erlaubt, die Daten verschiedener Regionen, die sich nach den Kennzahlen der Bevölkerungsdynamik, den geistigen, ethnischen und ethischen Voraussetzungen sowie dem sozialökonomischen Entwicklungsstand grundsätzlich unterscheiden, statistisch zusammenzufassen?

Die Frage ist insoweit zu bejahen, als eben die Tragfähigkeit des Systems als Ganzes begrenzt wird. Alle selbstverständlich nicht zu leugnenden regionalen Differenzierungen ändern nichts daran, daß jeder Mensch ein existentielles Grundbedürfnis bei der Ernährung hat, und daß es eine Grenze gibt, jenseits derer die Summe dieser Bedürfnisse nicht mehr gedeckt werden kann (vgl. auch Anm. 16).

2. Die Skepsis gegenüber globalen Aspekten entspringt der Forderung, daß für die Entwicklung benachteiligter Regionen jeweils differenzierte Theorien notwendig sind. Das wird besonders für die marginalen Räume der Erde, also an den Polargrenzen, den Trockengrenzen und den Feuchtgrenzen (im tropischen Regenwald) der Ökumene deutlich.

Dem ist zuzustimmen, und es gibt diese differenzierten Theorien. Indessen ist die Vorstellung utopisch, daß in allen größeren Regionen der Erde die Bevölkerungsdichte je den dort vorhandenen Ressourcen für Landwirtschaft und Industrie angepaßt werden könnte. Über den notwendigen Ausgleich wächst das System wieder zusammen.

3. Wie weit sind die Probleme einzelner Regionen, also einzelner Subsysteme, ursächlich miteinander verbunden, wie weit können ökologische Katastrophen lokal bleiben?

Sicher findet man Beispiele dafür, daß die ökologische Krise einer Region isoliert dasteht (tatsächlich oder scheinbar, weil man bestimmte Folgewirkungen noch gar nicht erkannt hat). Das ändert aber nichts daran, daß die Brandrodung in tropischen Wäldern den CO_2-Gehalt der gesamten Erdatmosphäre beeinflußt, um nur ein Beispiel zu nennen. Die Erkenntnis, daß letztlich das Geosystem als Ganzes reagiert, ist noch nicht weit genug verbreitet.

Besonders angeregt wurde die Aussprache durch die Frage, ob die rationale naturwissenschaftliche Analyse mit ihren daran anschließenden Vorschlägen zur Entstörung des Systems nicht in die Irrationalität führt? Wie soll es zu einer „Weltinnenpolitik" kommen, und soll sie etwa totalitär-hegemonial aussehen? Max Webers Ausspruch, die Organisation der Massengesellschaft werde wohl nur in der Form eines „demokratischen Cäsarismus" möglich sein, ist eine gefährliche Formulierung gewesen, vor der mit Recht gewarnt wird.

Nun gehört „Weltinnenpolitik" nicht zum fachwissenschaftlichen Wortschatz eines Systemanalytikers. Aber wenn ein System mit globalen Wirkungen reagiert, ist die Forderung nach einer globalen Steuerung eigentlich nur logisch. Oder man resigniert andernfalls vor den Konsequenzen.

In diesem Zusammenhang beherrschte ein dritter Sachverhalt die Diskussion. Das Verteilungsproblem ist ein politisches Problem, und um es zu lösen, müssen die politischen Strukturen geschaffen werden. Es nützt nichts, nur die Zahl der gutgemeinten Appelle zu vermehren. Aber wie müßten die Mechanismen aussehen? Soll die Wissenschaft die Endziele formulieren, aber die Politik sieht sich außerstande, die notwendigen Sachantworten zu finden? Liegt vielen Werturteilen nicht ein Gleichberechtigungsgrundsatz zugrunde, der allenfalls im Abendland auf Anerkennung hoffen kann?

Natürlich bleibt unbestritten, daß der Ausgleich ökonomischer Disparitäten nicht einmal innerhalb der Grenzen eines einzigen, hochentwickelten Landes gelingt. Aber die Forderung geht ja auch nicht in die Richtung eines weltweiten, sozialökonomischen Nivellements, sondern stellt gerade unter Wahrung der gewachsenen kulturräumlichen Differenzierung auf der Erde als Nahziel nur die Erfüllung der Grundbedürfnisse in den Mittelpunkt. Nicht für irgendwelche Randgruppen, sondern für einige hundert Millionen Menschen. Dafür freilich müßten in den Entwicklungsländern die politischen Strukturen geschaffen werden, und das ist nach aller Erfahrung schwer; weil dort vom statistischen Wirtschaftswachstum häufig nur die dortigen Eliten profitieren. Und keineswegs immer ist steigende Geburtlichkeit ein Indikator für die Verbesserung des Lebensstandards.

Die Handlungstheorie im weiteren Sinne war ein vierter Problemkreis, der erörtert wurde. Zu Recht wurde bemerkt, daß die Handlungsbedingungen der „Nach-Neuzeit", wie sie in Abb. 9 aufgelistet sind, in dieser Form nur für hochentwickelte Länder gelten. Für ältere Epochen ist die schematische Darstellung dieser Abbildung sicher problematisch; das berührt aber nicht die ökologische Krise des Systems in der Gegenwart. Richtig ist ferner, daß wir uns Schritte auf dem Wege zur Lösung des Verteilungsproblems nur im Handlungsrahmen einer marktwirtschaftlichen Ordnung vorstellen können. Offen bleibt aber die Frage, ob es denn in Zukunft keine naturwissenschaftlichen, technischen und auch ökonomischen Großzäsuren mehr geben wird, die eben diesen Handlungsrahmen nachhaltig ändern könnten. Auch wäre es denkbar, daß aus veränderten Bedürfnisssen ein geändertes, ökologisches Handeln entspringen könnte.

Veröffentlichungen
der Rheinisch-Westfälischen Akademie der Wissenschaften

Neuerscheinungen 1975 bis 1986

Vorträge G Heft Nr.		GEISTESWISSENSCHAFTEN
198	*Ernst Benda, Karlsruhe*	Gefährdungen der Menschenwürde
199	*Herbert von Einem, Bonn*	‚Die Folgen des Krieges'. Ein Alterswerk von Peter Paul Rubens
200	*Hansjakob Seiler, Köln*	Das linguistische Universalienproblem in neuer Sicht
201	*Werner Flume, Bonn*	Gewohnheitsrecht und römisches Recht
202	*Rudolf Morsey, Speyer*	Zur Entstehung, Authentizität und Kritik von Brünings „Memoiren 1918–1934"
203	*Stephan Skalweit, Bonn*	Der „moderne Staat". Ein historischer Begriff und seine Problematik
204	*Ludwig Landgrebe, Köln*	Der Streit um die philosophischen Grundlagen der Gesellschaftstheorie
205	*Elmar Edel, Bonn*	Ägyptische Ärzte und ägyptische Medizin am hethitischen Königshof Neue Funde von Keilschriftbriefen Ramses' II. aus Bogazköy
206	*Eduard Hegel, Bonn*	Die katholische Kirche Deutschlands unter dem Einfluß der Aufklärung des 18. Jahrhunderts
207	*Friedrich Ohly, Münster*	Der Verfluchte und der Erwählte. Vom Leben mit der Schuld
208	*Siegfried Herrmann, Bochum*	Ursprung und Funktion der Prophetie im alten Israel
209	*Theodor Schieffer, Köln*	Krisenpunkte des Hochmittelalters
		Jahresfeier am 7. Mai 1975
210	*Ulrich Scheuner, Bonn*	Die Vereinten Nationen als Faktor der internationalen Politik
211	*Heinrich Dörrie, Münster*	Von Platon zum Platonismus Ein Bruch in der Überlieferung und seine Überwindung
212	*Karl Gustav Fellerer, Köln*	Der Akademismus in der deutschen Musik des 19. Jahrhunderts
213	*Hans Kauffmann, Bonn*	Probleme griechischer Säulen
214	*Ivan Dujčev, Sofia*	Heidnische Philosophen und Schriftsteller in der alten bulgarischen Wandmalerei
215	*Bruno Lewin, Bochum*	Der koreanische Anteil am Werden Japans
216	*Tilemann Grimm, Tübingen*	Meister Kung Zur Geschichte der Wirkungen des Konfuzius
217	*Harald Weinrich, Bielefeld*	Für eine Grammatik mit Augen und Ohren, Händen und Füßen – am Beispiel der Präpositionen
218	*Roman Jakobson, Cambridge, Mass.*	Der grammatische Aufbau der Kindersprache
219	*Jan Öberg, Stockholm*	Das Urkundenmaterial Skandinaviens Bestände, Editionsvorhaben, Erforschung
220	*Werner Beierwaltes, Freiburg i. Br.*	Identität und Differenz. Zum Prinzip cusanischen Denkens
221	*Walter Hinck, Köln*	Vom Ausgang der Komödie. Exemplarische Lustspielschlüsse in der europäischen Literatur
222	*Heinz Hürten, Freiburg i. Br.*	Reichswehr und Ausnahmezustand. Ein Beitrag zur Verfassungsproblematik der Weimarer Republik in ihrem ersten Jahrfünft
223	*Bernhard Kötting, Münster*	Religionsfreiheit und Toleranz im Altertum
		Jahresfeier am 18. Mai 1977
224	*Karl J. Narr, Münster*	Zeitmaße in der Urgeschichte
225	*Karl Eduard Rothschuh, Münster*	Iatromagie: Begriff, Merkmale, Motive, Systematik
226	*Samuel R. Spencer jr., Davidson*	Die amerikanische Stimmung im Jahr des Janus
227	*Paul Mikat, Düsseldorf*	Dotierte Ehe – rechte Ehe. Zur Entwicklung des Eheschließungsrechts in fränkischer Zeit
228	*Herbert Franke, München*	Nordchina am Vorabend der mongolischen Eroberungen: Wirtschaft und Gesellschaft unter der Chin-Dynastie (1115–1234)
229	*András Mócsy, Budapest*	Zur Entstehung und Eigenart der Nordgrenzen Roms
230	*Heinrich Dörrie, Münster*	Sinn und Funktion des Mythos in der griechischen und der römischen Dichtung
231	*Jean Bingen, Brüssel*	Le Papyrus Revenue Laws – Tradition grecque et Adaptation hellénistique
232	*Niklas Luhmann, Bielefeld*	Organisation und Entscheidung

233	*Louis Reekmans, Leuven*	Die Situation der Katakombenforschung in Rom
234	*Josef Pieper, Münster*	Was heißt Interpretation?
235	*Walther Heissig, Bonn*	Die Zeit des letzten mongolischen Großkhans Ligdan (1604–1634)
236	*Alf Önnerfors, Köln*	Die Verfasserschaft des Waltharius-Epos aus sprachlicher Sicht
237	*Walther Heissig, Bonn*	Die mongolischen Heldenepen – Struktur und Motive
238	*Günther Stökl, Köln*	Osteuropa – Geschichte und Politik
		Jahresfeier am 23. Mai 1979
239	*Wilhelm Weber, Münster*	Geld, Glaube, Gesellschaft
240	*Giovanni Nencioni, Florenz*	Lessicografia e Letteratura Italiana
241	*Arno Esch, Bonn*	Zur Situation der zeitgenössischen englischen Lyrik
242	*Otto Pöggeler, Bochum* *Heinz Breuer, Bonn*	Fragen der Forschungspolitik
243	*Klaus Stern, Köln*	Verfassungsgerichtsbarkeit zwischen Recht und Politik
244	*Klaus W. Niemöller, Münster*	Der sprachhafte Charakter der Musik
245	*Jürgen Untermann, Köln*	Trümmersprachen zwischen Grammatik und Geschichte
246	*Clemens Menze, Köln*	Leibniz und die neuhumanistische Theorie der Bildung des Menschen
247	*Helmut Schelsky, Münster*	Die juridische Rationalität
248	*Ulrich Scheuner, Bonn*	Der Beitrag der deutschen Romantik zur politischen Theorie
249	*Georg Kauffmann, Münster*	Zum Verhältnis von Bild und Text in der Renaissance
250	*Rudolf Kassel, Köln*	Dichtkunst und Versifikation bei den Griechen
251	*Hans Schadewaldt, Düsseldorf*	Idiosynkrasie, Anaphylaxie, Allergie, Atopie – Ein Beitrag zur Geschichte der Überempfindlichkeitskrankheiten
252	*Walter Hinck, Köln*	Haben wir heute vier deutsche Literaturen oder *eine?* Plädoyer in einer Streitfrage
		Jahresfeier am 13. Mai 1981
253	*Heinz Gollwitzer, Münster*	Vorüberlegungen zu einer Geschichte des politischen Protestantismus nach dem konfessionellen Zeitalter
254	*Martin Honecker, Bonn*	Evangelische Theologie vor dem Staatsproblem
255	*Paul Mikat, Düsseldorf*	Rechtsprobleme der Schlüsselgewalt
256	*Ernst Dassmann, Bonn*	Paulus in frühchristlicher Frömmigkeit und Kunst
257	*Reinhold Merkelbach, Köln*	Weihegrade und Seelenlehre der Mithrasmysterien
258	*Bruno Lewin, Bochum*	Sprachbetrachtung und Sprachwissenschaft im vormodernen Japan
259	*Boris Meissner, Köln*	Das Verhältnis von Partei und Staat im Sowjetsystem
260	*Hans-Rudolf Schwyzer, Zürich*	Ammonios Sakkas, der Lehrer Plotins
261	*Eugen Ewig, Bonn*	Die Merowinger und das Imperium
262	*Armin Kaufmann, Bonn*	Die Aufgabe des Strafrechts
263	*Gerard Verbeke, Leuven*	Avicenna, Grundleger einer neuen Metaphysik
264	*Roger Goepper, Köln*	Das Kultbild im Ritus des esoterischen Buddhismus Japans
265	*Paul Mikat, Düsseldorf*	Zur Diskussion um die Lehre vom Vorrang der effektiven Staatsangehörigkeit
266	*Gerhard Kegel, Köln*	Haftung für Zufügung seelischer Schmerzen
		Jahresfeier am 11. Mai 1983
267	*Hans Rothe, Bonn*	Religion und Kultur in den Regionen des russischen Reiches im 18. Jahrhundert
268	*Paul Mikat, Düsseldorf*	Doppelbesetzung oder Ehrentitulatur – Zur Stellung des westgotisch-arianischen Episkopates nach der Konversion von 587/89
269	*Andreas Kraus, München*	Die *Acta Pacis Westphalicae*
270	*Gerhard Ebeling, Zürich*	Lehre und Leben in Luthers Theologie
271	*Theodor Schieder, Köln*	Über den Beinamen „der Große“ – Reflexionen über historische Größe
272	*J. Nicolas Coldstream, London*	The Formation of the Greek Polis: Aristotle and Archaeology
273	*Walter Hinck, Köln*	Das Gedicht als Spiegel der Dichter. Zur Geschichte des deutschen poetologischen Gedichts
274	*Erich Meuthen, Köln*	Das Basler Konzil als Forschungsproblem der europäischen Geschichte
275	*Hansjakob Seiler, Köln*	Sprache und Gegenstand
276	*Gustav Adolf Lehmann, Köln*	Die mykenisch-frühgriechische Welt und der östliche Mittelmeerraum in der Zeit der „Seevölker“-Invasionen um 1200 v. Chr.
277	*Andreas Hillgruber, Köln*	Der Zusammenbruch im Osten 1944/45 als Problem der deutschen Nationalgeschichte und der europäischen Geschichte
278	*Niklas Luhmann, Bielefeld*	Kann die moderne Gesellschaft sich auf ökologische Gefährdungen einstellen?
		Jahresfeier am 15. Mai 1985
279	*Joseph Ratzinger, Rom*	Politik und Erlösung. Zum Verhältnis von Glaube, Rationalität und Irrationalem in der sogenannten Theologie der Befreiung
280	*Hermann Hambloch, Münster*	Der Mensch als Störfaktor im Geosystem

ABHANDLUNGEN

Band Nr.		
38	*Max Braubach, Bonn*	Bonner Professoren und Studenten in den Revolutionsjahren 1848/49
39	*Henning Bock (Bearb.), Berlin*	Adolf von Hildebrand, Gesammelte Schriften zur Kunst
40	*Geo Widengren, Uppsala*	Der Feudalismus im alten Iran
41	*Albrecht Dihle, Köln*	Homer-Probleme
42	*Frank Reuter, Erlangen*	Funkmeß. Die Entwicklung und der Einsatz des RADAR-Verfahrens in Deutschland bis zum Ende des Zweiten Weltkrieges
43	*Otto Eißfeldt, Halle, und Karl Heinrich Rengstorf, Münster (Hrsg.)*	Briefwechsel zwischen Franz Delitzsch und Wolf Wilhelm Graf Baudissin 1866–1890
44	*Reiner Haussherr, Bonn*	Michelangelos Kruzifixus für Vittoria Colonna. Bemerkungen zu Ikonographie und theologischer Deutung
45	*Gerd Kleinheyer, Regensburg*	Zur Rechtsgestalt von Akkusationsprozeß und peinlicher Frage im frühen 17. Jahrhundert. Ein Regensburger Anklageprozeß vor dem Reichshofrat. Anhang: Der Statt Regenspurg Peinliche Gerichtsordnung
46	*Heinrich Lausberg, Münster*	Das Sonett *Les Grenades* von Paul Valéry
47	*Jochen Schröder, Bonn*	Internationale Zuständigkeit. Entwurf eines Systems von Zuständigkeitsinteressen im zwischenstaatlichen Privatverfahrensrecht aufgrund rechtshistorischer, rechtsvergleichender und rechtspolitischer Betrachtungen
48	*Günther Stökl, Köln*	Testament und Siegel Ivans IV.
49	*Michael Weiers, Bonn*	Die Sprache der Moghol der Provinz Herat in Afghanistan
50	*Walther Heissig (Hrsg.), Bonn*	Schriftliche Quellen in Moġolī. 1. Teil: Texte in Faksimile
51	*Thea Buyken, Köln*	Die Constitutionen von Melfi und das Jus Francorum
52	*Jörg-Ulrich Fechner, Bochum*	Erfahrene und erfundene Landschaft. Aurelio de'Giorgi Bertòlas Deutschlandbild und die Begründung der Rheinromantik
53	*Johann Schwartzkopff (Red.), Bochum*	Symposium ‚Mechanoreception'
54	*Richard Glasser, Neustadt a. d. Weinstr.*	Über den Begriff des Oberflächlichen in der Romania
55	*Elmar Edel, Bonn*	Die Felsgräbernekropole der Qubbet el Hawa bei Assuan. II. Abteilung: Die althieratischen Topfaufschriften aus den Grabungsjahren 1972 und 1973
56	*Harald von Petrikovits, Bonn*	Die Innenbauten römischer Legionslager während der Prinzipatszeit
57	*Harm P. Westermann u. a., Bielefeld*	Einstufige Juristenausbildung. Kolloquium über die Entwicklung und Erprobung des Modells im Land Nordrhein-Westfalen
58	*Herbert Hesmer, Bonn*	Leben und Werk von Dietrich Brandis (1824–1907) – Begründer der tropischen Forstwirtschaft. Förderer der forstlichen Entwicklung in den USA. Botaniker und Ökologe
59	*Michael Weiers, Bonn*	Schriftliche Quellen in Moġolī, 2. Teil: Bearbeitung der Texte
60	*Reiner Haussherr, Bonn*	Rembrandts Jacobssegen Überlegungen zur Deutung des Gemäldes in der Kasseler Galerie
61	*Heinrich Lausberg, Münster*	Der Hymnus ›Ave maris stella‹
62	*Michael Weiers, Bonn*	Schriftliche Quellen in Moġolī, 3. Teil: Poesie der Mogholen
63	*Werner H. Hauss, Münster Robert W. Wissler, Chicago, Rolf Lehmann, Münster*	International Symposium 'State of Prevention and Therapy in Human Arteriosclerosis and in Animal Models'
64	*Heinrich Lausberg, Münster*	Der Hymnus ›Veni Creator Spiritus‹
65	*Nikolaus Himmelmann, Bonn*	Über Hirten-Genre in der antiken Kunst
66	*Elmar Edel, Bonn*	Die Felsgräbernekropole der Qubbet el Hawa bei Assuan. Paläographie der althieratischen Gefäßaufschriften aus den Grabungsjahren 1960 bis 1973
67	*Elmar Edel, Bonn*	Hieroglyphische Inschriften des Alten Reiches
68	*Wolfgang Ehrhardt, Athen*	Das Akademische Kunstmuseum der Universität Bonn unter der Direktion von Friedrich Gottlieb Welcker und Otto Jahn
69	*Walther Heissig, Bonn*	Geser-Studien. Untersuchungen zu den Erzählstoffen in den „neuen" Kapiteln des mongolischen Geser-Zyklus
70	*Werner H. Hauss, Münster Robert W. Wissler, Chicago*	Second Münster International Arteriosclerosis Symposium: Clinical Implications of Recent Research Results in Arteriosclerosis
71	*Elmar Edel, Bonn*	Die Inschriften der Grabfronten der Siut-Gräber in Mittelägypten aus der Herakleopolitenzeit
72	*(Sammelband)*	Studien zur Ethnogenese
73	*Nikolaus Himmelmann, Bonn*	Ideale Nacktheit

Sonderreihe

PAPYROLOGICA COLONIENSIA

Vol. I

Aloys Kehl, Köln — Der Psalmenkommentar von Tura, Quaternio IX

Vol. II

Erich Lüddeckens, Würzburg,
P. Angelicus Kropp O. P., Klausen,
Alfred Hermann und Manfred Weber, Köln — Demotische und Koptische Texte

Vol. III

Stephanie West, Oxford — The Ptolemaic Papyri of Homer

Vol. IV

Ursula Hagedorn und Dieter Hagedorn, Köln,
Louise C. Youtie und Herbert C. Youtie, Ann Arbor — Das Archiv des Petaus (P. Petaus)

Vol. V

Angelo Geißen, Köln
Wolfram Weiser, Köln

Katalog Alexandrinischer Kaisermünzen der Sammlung des Instituts für Altertumskunde der Universität zu Köln
Band 1: Augustus-Trajan (Nr. 1–740)
Band 2: Hadrian-Antoninus Pius (Nr. 741–1994)
Band 3: Marc Aurel-Gallienus (Nr. 1995–3014)
Band 4: Claudius Gothicus – Domitius Domitianus, Gau-Prägungen, Anonyme Prägungen, Nachträge, Imitationen, Bleimünzen (Nr. 3015–3627)
Band 5: Indices zu den Bänden 1 bis 4

Vol. VI

J. David Thomas, Durham

The epistrategos in Ptolemaic and Roman Egypt
Part 1: The Ptolemaic epistrategos
Part 2: The Roman epistrategos

Vol. VII

Kölner Papyri (P. Köln)

Bärbel Kramer und Robert Hübner (Bearb.), Köln — Band 1
Bärbel Kramer und Dieter Hagedorn (Bearb.), Köln — Band 2
Bärbel Kramer, Michael Erler, Dieter Hagedorn und Robert Hübner (Bearb.), Köln — Band 3
Bärbel Kramer, Cornelia Römer und Dieter Hagedorn (Bearb.), Köln — Band 4
Michael Gronewald, Klaus Maresch und Wolfgang Schäfer (Bearb.), Köln — Band 5

Vol. VIII

Sayed Omar (Bearb.), Kairo — Das Archiv des Soterichos (P. Soterichos)

Vol. IX

Kölner ägyptische Papyri (P. Köln ägypt.)

Dieter Kurth, Heinz-Josef Thissen und Manfred Weber (Bearb.), Köln — Band 1

Vol. X

Jeffrey S. Rusten, Cambridge, Mass. — Dionysius Scytobrachion

Vol. XI

Wolfram Weiser, Köln

Katalog der Bithynischen Münzen der Sammlung des Instituts für Altertumskunde der Universität zu Köln
Band 1: Nikaia. Mit einer Untersuchung der Prägesysteme und Gegenstempel

Verzeichnisse sämtlicher Veröffentlichungen der
Rheinisch-Westfälischen Akademie der Wissenschaften können beim
Westdeutschen Verlag GmbH, Postfach 30 06 20, 5090 Leverkusen 3 (Opladen),
angefordert werden

GPSR Compliance

The European Union's (EU) General Product Safety Regulation (GPSR) is a set of rules that requires consumer products to be safe and our obligations to ensure this.

If you have any concerns about our products, you can contact us on ProductSafety@springernature.com

In case Publisher is established outside the EU, the EU authorized representative is:

Springer Nature Customer Service Center GmbH
Europaplatz 3
69115 Heidelberg, Germany

Batch number: 10809636

Printed by Printforce, the Netherlands